中华人民共和国工程建设地方标准

贴膜中空玻璃应用技术规程

Technical code for filming insulating glass

DBJ 52/T 094-2024

批准部门：贵州省住房和城乡建设厅
施行日期：２０２４年１１月１日

中国建筑工业出版社
2024　北京

中华人民共和国工程建设地方标准
贴膜中空玻璃应用技术规程
Technical code for filming insulating glass
DBJ 52/T 094-2024

*

中国建筑工业出版社出版、发行（北京海淀三里河路9号）
各地新华书店、建筑书店经销
霸州市顺浩图文科技发展有限公司制版
廊坊市海涛印刷有限公司印刷

*

开本：850毫米×1168毫米 1/32 印张：3⅜ 字数：91千字
2024年12月第一版 2024年12月第一次印刷
定价：35.00元
统一书号：15112·43474
版权所有 翻印必究
如有质量问题，可与本社读者服务中心联系
电话：(010) 58337283 （邮政编码100037）
本社网址：http://www.cabp.com.cn
网上书店：http://www.china-building.com.cn

贵州省住房和城乡建设厅

关于发布贵州省工程建设地方标准 《贴膜中空玻璃应用技术规程》的通知

各市（州）住房城乡建设局、贵安新区城乡建设局，各县（市、区）住房城乡建设局，各有关单位：

由贵州省建筑设计研究院有限责任公司、贵州省建筑材料科学研究设计院有限责任公司、贵州天行正达节能科技发展有限责任公司修编的《贴膜中空玻璃应用技术规程》已编制完成，经过专家审查、公开征求意见并修改完善后，由贵州省住房和城乡建设厅批准为工程建设地方标准，现予发布。

《贴膜中空玻璃应用技术规程》编号为 DBJ 52/T 094-2024，自 2024 年 11 月 1 日起实施，原《贴膜中空玻璃应用技术规程》（DBJ 52/T 094-2019）同时废止。

该标准在贵州省住房和城乡建设厅门户网站（http://zfcxjst.guizhou.gov.cn/zwgk/xxgkml/zdlygk/jnyzyzhly/）公开。在执行过程中如有意见和建议，请及时反馈给省住房城乡建设厅建筑节能与科技处。

贵州省住房和城乡建设厅
2024 年 9 月 12 日

前　　言

根据贵州省住房和城乡建设厅《关于下达贵州省工程建设地方标准〈贴膜中空玻璃应用技术规程〉修订任务的通知》的要求，编制组经认真总结实践经验，参考有关标准，并在广泛征求意见的基础上，修订《贴膜中空玻璃应用技术规程》（以下简称《规程》）。

本规程共分10章和3个附录，主要内容包括：1. 总则；2. 术语；3. 基本规定；4. 材料；5. 贴膜中空玻璃用材与构造；6. 分类与命名；7. 选用设计；8. 加工制作；9. 安装施工；10. 工程验收等。

本规程由贵州省住房和城乡建设厅负责管理，由贵州省建筑设计研究院有限责任公司负责具体技术内容的解释。执行过程中如有意见或建议，请寄送至贵州省建筑设计研究院有限责任公司技术发展部，地址：贵州省贵阳市观山湖区林城西路28号，邮编：550081。

本规程主编单位：贵州省建筑设计研究院有限责任公司
贵州省建筑材料科学研究设计院有限责任公司
贵州天行正达节能科技发展有限责任公司

本规程参编单位：贵州省工程设计质量监督站
贵阳市工程设计质量监督站
贵州大学
贵州省标准化院
贵州省城乡规划设计研究院
贵阳市建筑设计院有限公司

贵阳铝镁设计研究院有限公司
贵州中建建筑科研设计院有限公司
贵州省交通规划勘察设计研究院股份有限公司
贵阳建筑勘察设计有限公司
贵州同盛建筑设计有限公司
贵州新基石建筑设计有限责任公司
贵阳市城乡规划设计研究院
中国建材检验认证集团贵州有限公司
贵州省建材产品质量检验检测院
贵阳城市建设工程集团有限责任公司
贵州建工集团有限公司
贵州建工集团第一建筑工程有限责任公司
贵州建工集团第四建筑工程有限责任公司
贵州建工集团第六建筑工程有限责任公司
贵州建工集团第七建筑工程有限责任公司
贵州建工第八建设集团有限公司
中铁八局集团第三工程有限公司
中建三局第一建筑工程有限公司
中建四局贵州投资建设有限公司
中铁贵州旅游文化发展有限公司
贵州宏科建设工程有限责任公司
贵州中建伟业建设（集团）有限责任公司
贵州贵耀玻璃实业有限公司
贵州锦丰玻璃科技有限公司

贵州安临惠海建筑贴膜玻璃科技有限公司
贵阳坤和居建筑管理咨询有限公司
贵州协成装饰工程有限公司

本规程主要起草人员：张　晋　王尧燕　宋　娟　王　忠
贺　勇　周　民　申屠文巍　柳　洪
李曦炜　王佳炜　陈晶晶　李宏图
张　舜　杨兆林　邹　玮　赵军龙
杨智强　黄　河　谢理林　陈亭烨
孔德文　李友彬　李良懿　孙元飞
吕刊宇　陈嘉幸　葛　林　杜华翔
王　强　李　洋　杜　松　曾祥彦
钟　山　张遵嶺　邓　伟　杨棘平
邵　玮　陈　波　王玮琳　朱若君
詹　超　包棕桐　陈金田　邵磊坤
冯小波　申永东　覃　鹤　张德培
杨正茂　刘宗琼　潘吉应　周炳秋
张　华　胡　云　曹火勇　陈　宏
闵祥利　刘世宣　冯　源　罗　杰
张海彬　王澈泉　刘　幸　赵　昊
冯安翔　徐鸿轩　刘顺喜　赵伟平
赵丽萍　何柱品　何思浩　吴学华
朱兴雄

本规程主要审查人员：陈　挺　王　霖　邓中华　陈　亮
高　尚　郭登林　郑　涛

目　次

1 总则 ·· 1
2 术语 ·· 2
3 基本规定 ·· 5
4 材料 ·· 7
   4.1 一般规定 ·· 7
   4.2 贴膜中空玻璃 ·· 7
   4.3 安装材料 ·· 10
5 贴膜中空玻璃用材与构造 ·· 12
   5.1 原片 ·· 12
   5.2 功能膜 ·· 13
   5.3 边部密封材料 ·· 14
   5.4 空腔层及其他材料 ··· 15
6 分类与命名 ··· 17
   6.1 分类 ·· 17
   6.2 命名规则及示例 ··· 17
7 选用设计 ·· 22
   7.1 一般规定 ·· 22
   7.2 类型选择 ·· 22
   7.3 防人体冲击规定 ··· 23
8 加工制作 ·· 25
   8.1 一般规定 ·· 25
   8.2 原材料要求 ··· 25
   8.3 加工工艺与要求 ··· 26
   8.4 检验出厂 ·· 27
9 安装施工 ·· 28

10 工程验收 …………………………………………………… 30
  10.1 一般规定 ……………………………………………… 30
  10.2 主控项目 ……………………………………………… 32
  10.3 一般项目 ……………………………………………… 33
附录 A 常用贴膜中空玻璃光热性能参数 …………………… 34
附录 B 常用贴膜中空玻璃整窗或玻璃幕墙光热性能参数 … 41
附录 C 功能膜粘贴工艺及技术要求 ………………………… 54
本规程用词说明 ………………………………………………… 56
引用标准名录 …………………………………………………… 57
附：条文说明 …………………………………………………… 61

Contents

1 General Provisions ·· 1
2 Terms ··· 2
3 Basic Regulations ·· 5
4 Materials ·· 7
   4.1 General Rules ·· 7
   4.2 Filming Insulating Glass ·· 7
   4.3 Installation Materials ·· 10
5 Materials and Construction of Filming Insulating Glass ········· 12
   5.1 Original ·· 12
   5.2 Functional Film ·· 13
   5.3 Edge Sealing Material ·· 14
   5.4 Cavity Layer and Other Materials ·· 15
6 Classification and Nomenclature ·· 17
   6.1 Classification ·· 17
   6.2 Nomenclature Rules and Examples ·· 17
7 Selecting Design ·· 22
   7.1 General Rules ·· 22
   7.2 Type Selection ·· 22
   7.3 Rules of Protection Against Human Impact ·· 23
8 Processing Production ·· 25
   8.1 General Rules ·· 25
   8.2 Raw Material Requirements ·· 25
   8.3 Processing Technology and Requirements ·· 26
   8.4 Inspection Ex-factory ·· 27
9 Installation ·· 28
10 Acceptance ·· 30

10.1	General Rules	30
10.2	Major Project	32
10.3	General Project	33

Appendix A　Energy Saving and Lighting Performance of Common Filming Insulating Glass ············· 34

Appendix B　Energy Saving Performance of Whole Window or Glass Curtain Wall with Common Filming Insulating Glass ············· 41

Appendix C　Paste Technology and Technical Requirements of Functional Film ············· 54

Explanation of Wording in This Specification ············· 56

List of Quoted Standards ············· 57

Addition: Explanation of Provisions ············· 61

1 总　　则

1.0.1 为规范贴膜中空玻璃在建筑工程中的应用，做到技术先进、经济合理、安全适用、确保质量，制定本规程。

1.0.2 本规程适用于贵州省范围内工业与民用建筑外围护体门窗与玻璃幕墙用平面型贴膜中空玻璃的选材、设计、生产、安装及验收。

1.0.3 贴膜中空玻璃的应用除应符合本规程的规定外，尚应符合国家、行业及本省现行有关标准、规范性文件的规定。

2 术　　语

2.0.1 贴膜中空玻璃　filming insulating glass

在一片或多片单层玻璃的中空一侧粘贴功能膜所形成的中空玻璃制品。

2.0.2 功能膜　functional film

一种由耐磨涂层、经工艺处理的聚酯膜和保护膜，通过胶粘剂组合在一起，用于建筑玻璃制品使其具有安全或节能安全功能的多层聚酯复合薄膜材料。

2.0.3 原片　original

用于加工制作贴膜中空玻璃的单层玻璃。

2.0.4 外侧原片　outside original

贴膜中空玻璃室外一侧的单层玻璃。

2.0.5 内侧原片　inside original

贴膜中空玻璃室内一侧的单层玻璃。

2.0.6 中间原片　middle original

贴膜中空玻璃空腔之间的单层玻璃。

2.0.7 太阳能总透射比　total solar energy transmittance

在太阳辐射（波长300nm～2500nm）范围内，直接透过玻璃的能量与被玻璃吸收的太阳辐射再通过传热进入室内得热量的总和与投射到玻璃外表面太阳辐射能量的比值。

2.0.8 透光折减系数　transmitting rebate factor

透射漫射光照度与漫射光照度之比。

2.0.9 颜色透射指数　transmitting colour rendering index

太阳辐射透过玻璃后的一般显色指数。

2.0.10 隐框窗　hidden frame window

窗框构架或窗扇构架与玻璃采用结构胶粘结装配，不显露于玻璃室外侧的窗。

2.0.11 相容性 compatibility

粘接密封材料之间或粘接密封材料与其他材料相互接触时，相互不产生有害物理、化学反应的性能。

2.0.12 耐火型门窗 fire-resistant windows and doors

即非隔热防火门窗，是指在规定时间内，处于关闭状态下能满足耐火完整性要求的门窗。

2.0.13 a类功能膜 class A functional film

同时具有改变玻璃光学热工性能和防止玻璃破碎后飞溅功能的功能膜。

2.0.14 b类功能膜 class B functional film

仅具有防止玻璃破碎后飞溅功能的功能膜。

2.0.15 隔热型a类功能膜 heat insulation type A functional film

对太阳光具有阻隔作用的a类功能膜。

2.0.16 阳光控制型a类功能膜 sunlight-controlled type A functional film

对太阳光具有选择性反射和吸收作用的a类功能膜。

2.0.17 辐射率 emissivity

热辐射体的辐射出射度与处在相同温度的普朗克辐射体的辐射出射度之比。

2.0.18 暖边间隔条 warm edge spacer

用于提高中空玻璃边部热阻，使其边缘线传热系数小于 $0.04\ W/(m^2 \cdot K)$ 的间隔条。

2.0.19 3A分子筛干燥剂 3A molecular sieve desiccant

以沸石为主要原料生产的硅铝比约为2，有效孔径约为3A的硅铝钠酸钾干燥剂。

2.0.20 单片贴膜中空玻璃 single film pasted in insulating glass

仅在外侧原片粘贴功能膜的贴膜中空玻璃。

2.0.21 双片贴膜中空玻璃 two films pasted in insulating glass

外侧和内侧原片同时粘贴功能膜的贴膜中空玻璃。

2.0.22 充气贴膜中空玻璃 air-filled filming insulating glass

空腔层内填充氩气、氪气、氙气等惰性气体的贴膜中空玻璃。

2.0.23 进场检验 site inspection

对进入施工现场或门窗、幕墙组件加工厂的贴膜中空玻璃和安装材料按相关标准的要求进行检验，并对其质量、规格及型号等是否符合要求作出确认的活动。

2.0.24 核查 check

对技术资料的检查及资料与实物的核对。

2.0.25 质量证明文件 quality guarantee document

随同进场材料一同提供的能够证明其质量状况的文件。

2.0.26 型式检验 type inspection

由生产厂家委托具有相应资质的检测机构，对产品全部性能指标进行的检验，其检验报告为型式检验报告。

2.0.27 复验 repeat test

材料进入施工现场（加工制作工厂）后，在外观质量检查和质量证明文件核查符合要求的基础上，按照有关规定从施工现场（加工制作工厂）抽取试样送至有相应资质的检测机构进行检验并出具检验报告的活动。

2.0.28 见证检验 evidential testing

施工单位在工程监理单位或建设单位的见证下，按照有关规定从施工现场随机抽取试样，送至具备相应资质的检测机构进行检验的活动。

3 基本规定

3.0.1 贴膜中空玻璃应满足下列国家现行标准中对门窗和玻璃幕墙外观、材料、尺寸、性能和安装质量的相关要求：
 1 《铝合金门窗》GB/T 8478；
 2 《建筑幕墙》GB/T 21086；
 3 《建筑用塑料门窗》GB/T 28886；
 4 《建筑幕墙、门窗通用技术条件》GB/T 31433。

3.0.2 作用在贴膜中空玻璃上的荷载和地震作用计算及其效应组合设计应符合下列国家现行标准的有关规定：
 1 《建筑结构荷载规范》GB 50009；
 2 《工程结构通用规范》GB 55001；
 3 《玻璃幕墙工程技术规范》JGJ 102；
 4 《建筑玻璃应用技术规程》JGJ 113。

3.0.3 贴膜中空玻璃的强度设计值应按原片的玻璃强度设计值确定；玻璃强度设计值应结合荷载方向、荷载类型、最大应力点位置、原片玻璃种类和玻璃厚度等因素，按现行行业标准《建筑玻璃应用技术规程》JGJ 113 的有关规定进行计算。

3.0.4 在荷载按标准组合作用下原片产生的最大挠度值应符合现行行业标准《玻璃幕墙工程技术规范》JGJ 102 的有关规定。

3.0.5 贴膜中空玻璃应满足门窗和玻璃幕墙的抗风压要求，抗风压设计应按现行行业标准《玻璃幕墙工程技术规范》JGJ 102 和《建筑玻璃应用技术规程》JGJ 113 中对中空玻璃的有关规定执行。

3.0.6 以非钢化玻璃作为原片的贴膜中空玻璃于向阳面明框安装时，其热应力计算和防热炸裂措施应符合现行行业标准《建筑玻璃应用技术规程》JGJ 113 的有关规定。

3.0.7 贴膜中空玻璃应满足门窗和玻璃幕墙的节能要求，其节能性能应符合现行国家标准《公共建筑节能设计标准》GB 50189、《工业建筑节能设计统一标准》GB 51245 和《建筑节能与可再生能源利用通用规范》GB 55015 的有关规定。

3.0.8 贴膜中空玻璃应满足门窗和玻璃幕墙的采光要求，其采光性能应符合国家现行标准《建筑采光设计标准》GB 50033、《建筑环境通用规范》GB 55016 和《玻璃幕墙光热性能》GB/T 18091 的有关规定。

3.0.9 贴膜中空玻璃应满足门窗和玻璃幕墙的耐火完整性要求，门窗和玻璃幕墙的耐火完整性应按现行国家标准《建筑设计防火规范》GB 50016 的有关规定执行。

3.0.10 用于加工或安装贴膜中空玻璃的硅酮结构密封胶应符合现行行业标准《玻璃幕墙工程技术规范》JGJ 102 的有关规定。

3.0.11 贴膜中空玻璃的室内侧表面宜进行冬季结露判定，判定方法可按现行行业标准《建筑门窗玻璃幕墙热工计算规程》JGJ/T 151 的有关规定执行。

3.0.12 用于贴膜中空玻璃加工制作和安装的材料必须符合设计要求以及国家现行有关标准的规定；材料使用前均应检验合格，严禁使用国家明令禁止或淘汰以及检验不合格或超出使用有效期的产品。

3.0.13 安装完成后的贴膜中空玻璃破碎后应立即采取安全保护措施，并应及时更换。

4 材 料

4.1 一般规定

4.1.1 应用于门窗和玻璃幕墙工程的贴膜中空玻璃和安装材料应安全、环保、节能、耐久，并应满足设计要求。

4.1.2 贴膜中空玻璃和安装材料应有出厂合格证、中文说明书、相关性能检测报告等质量证明文件。

4.2 贴膜中空玻璃

4.2.1 贴膜中空玻璃的性能指标应符合表4.2.1的规定。

表4.2.1 贴膜中空玻璃性能指标

项 目	指 标	试验方法
露点温度(℃)	<-40	按现行国家标准《中空玻璃》GB/T 11944的有关规定执行
水气密封耐久性能	水分渗透指数 $I \leq 0.25$，平均值 $I_{av} \leq 0.20$；功能膜与玻璃、密封胶粘结良好，功能膜无明显变形、变色和金属镀层腐蚀且无气泡和分层	
初始气体含量(%)	≥85	
气体密封耐久性能(%)	≥80	
耐紫外线辐照性能	可见光透射比相对变化率不应大于3%；空腔内表面无结雾、水气凝结或污染痕迹且密封胶无明显变形；功能膜与玻璃、密封胶粘结良好，功能膜无明显变形、变色和金属镀层腐蚀且无气泡和分层	可见光透射比相对变化率按现行行业标准《贴膜玻璃》JC 846的有关规定执行，其余指标按现行国家标准《中空玻璃》GB/T 11944的有关规定执行

7

续表 4.2.1

项 目		指 标	试验方法
防飞溅性能		达到双轮胎冲击性能Ⅰ级	按现行行业标准《贴膜玻璃》JC 846 的有关规定执行
抗冲击性能		试样不破坏或试样破坏，钢球不穿透试样	
粘接强度耐久性能(%)		≥90	
耐温度变化性能		不得出现变色、脱膜、气泡或其他显著缺陷	
光学性能允许偏差最大值(%)	有明示标称值	±2.0	
	无明示标称值	≤3.0	

注：1 空腔层填充空气时，对初始气体含量和气体密封耐久性能不作要求；
  2 无光学指标要求时，光学性能允许偏差最大值不作要求；
  3 防飞溅性能、抗冲击性能、粘接强度耐久性能仅对贴膜原片进行判定，对未贴膜原片不作要求；
  4 初始气体含量和气体密封耐久性能为体积比，粘接强度耐久性能为强度比。

4.2.2 贴膜中空玻璃的外观质量应符合表 4.2.2 的规定。

表 4.2.2 贴膜中空玻璃外观质量

项 目	要 求	试验方法
边部密封	内道密封胶应均匀连续，外道密封胶应均匀整齐、饱满、无空隙，与玻璃充分粘结，且不超出玻璃边缘	按现行国家标准《中空玻璃》GB/T 11944 的有关规定执行
原片	宽度≤0.2mm 或长度≤30mm 的划伤最大允许 4 条/m²；0.2mm<宽度≤1.0mm 或 30mm<长度≤50mm 的划伤最大允许 1 条/m²；其他缺陷应符合相应玻璃标准要求	
间隔材料	无扭曲，表面平整光洁；表面无污痕、斑点及片状氧化现象	
中空腔	无异物	
原片内表面	无妨碍透视的污迹和密封胶飞溅、流淌	

续表 4.2.2

项　目	要　求			试验方法
贴膜质量	缺陷名称	缺陷大小（mm）	缺陷允许数量（个/m²）	按现行行业标准《贴膜玻璃》JC 846 外观质量的试验方法执行
	点状杂质	$D \leqslant 0.5$	不做要求	
		$0.5 < D \leqslant 1.0$	不允许密集	
		$1.0 < D \leqslant 3.0$	1.0	
		$D > 3.0$	不允许存在	
	条状杂质	$L \leqslant 3.0$	不允许密集	
		$3.0 < L \leqslant 10.0$	2.0	
		$L > 10.0$	不允许存在	
	折痕、脱膜、戳破	不允许存在		
	膜面划伤	$W \leqslant 0.3$ 且 $L \leqslant 60.0$	5.0	
		$W > 0.3$ 或 $L > 60.0$	不允许存在	
功能膜拼贴质量	拼接功能膜之间无明显可视色差，覆盖贴膜宽度和拼贴次数应满足本规程第 5.2.6 条的规定			观察、尺量

注：1　密集指在任意部位直径 200mm 的圆内，存在 4 个或 4 个以上的缺陷；
　　2　点状杂质指功能膜和原片之间的尘埃、颗粒、胶斑、指印、气泡等；
　　3　条状杂质指功能膜和原片之间直径不大于 0.3mm 的毛发和纤维等；
　　4　D 指点状杂质直径，L 指条状杂质长度或膜面划伤长度，W 指膜面划伤宽度。

4.2.3　贴膜中空玻璃的尺寸允许偏差应符合表 4.2.3 的规定。

表 4.2.3　贴膜中空玻璃尺寸允许偏差

项　目	要　求		试验方法
边长允许偏差（mm）	$L < 1000$	±2.0	按现行国家标准《中空玻璃》GB/T 11944 的有关规定执行
	$1000 \leqslant L < 2000$	-3.0～2.0	
	$L \geqslant 2000$	±3.0	
厚度允许偏差（mm）	$D < 17$	±1.0	
	$17 \leqslant D < 22$	±1.5	
	$D \geqslant 22$	±2.0	
对角线差	不大于对角线平均长度的 0.2%		

续表 4.2.3

项 目		要 求	试验方法
最大叠差(mm)	$L<1000$	2.0	按现行国家标准《中空玻璃》GB/T 11944 的有关规定执行
	$1000 \leqslant L<2000$	3.0	
	$L \geqslant 2000$	4.0	
密封胶粘结宽度（mm）	内道密封胶	≥3.0	
	外道密封胶 非结构胶	≥7.0	
	外道密封胶 结构胶	≥7.0,并符合设计要求	

注：1 L 指贴膜中空玻璃的最大边长度，D 指原片与空腔层厚度之和；
    2 异形贴膜中空玻璃的对角线差，可在不低于表中标准的基础上由供需双方商定；
    3 最大叠差有特殊要求时，可在不低于表中标准的基础上由供需双方商定；
    4 结构胶指硅酮结构密封胶。

4.2.4 贴膜中空玻璃的节能、采光性能应通过检测和计算确定，其检测和计算方法应按现行国家标准《建筑玻璃 可见光透射比、太阳光直接透射比、太阳能总透射比、紫外线透射比及有关窗玻璃参数的测定》GB/T 2680 和《中空玻璃稳态 U 值（传热系数）的计算及测定》GB/T 22476 的有关规定执行。常用贴膜中空玻璃及其整窗或玻璃幕墙的光学、热工性能参数可按本规程附录 A、附录 B 的规定取值。

4.3 安装材料

4.3.1 安装用密封材料应与贴膜中空玻璃、边框型材以及玻璃安装形式相适应，安装用密封材料的选择应符合下列国家现行标准的有关规定：

1 《铝合金门窗》GB/T 8478；

2 《建筑幕墙》GB/T 21086；

3 《建筑用节能门窗 第 1 部分：铝木复合门窗》GB/T 29734.1；

4 《玻璃幕墙工程技术规范》JGJ 102；

5 《铝合金门窗工程技术规范》JGJ 214。

4.3.2 安装用密封材料与贴膜中空玻璃及其周边接触材料应具有相容性，安装材料的选择应通过相容性检测确定。

4.3.3 贴膜中空玻璃可采用中性硅酮、改性硅酮、聚硫、聚氨酯、丙烯酸酯、丁基等合成高分子材料密封胶进行安装，密封胶的强度、耐老化性、耐火性能以及与所粘结材料之间的粘结性应满足设计要求，并应符合下列国家现行产品标准的规定：

1 《硅酮和改性硅酮建筑密封胶》GB/T 14683；

2 《建筑用硅酮结构密封胶》GB 16776；

3 《建筑用阻燃密封胶》GB/T 24267；

4 《建筑幕墙用硅酮结构密封胶》JG/T 475；

5 《聚氨酯建筑密封胶》JC/T 482；

6 《聚硫建筑密封胶》JC/T 483；

7 《丙烯酸酯建筑密封胶》JC/T 484；

8 《建筑窗用弹性密封胶》JC/T 485。

4.3.4 安装用密封条宜选用符合国家现行标准《建筑门窗、幕墙用密封胶条》GB/T 24498 和《建筑门窗复合密封条》JG/T 386 要求的硅橡胶、三元乙丙橡胶、氯丁橡胶等单一材质或复合材质硫化橡胶类密封条；用于耐火型门窗时，应采用阻燃密封胶条和遇火膨胀密封胶条。

4.3.5 支承块（支承垫块）、定位块（定位垫块）、弹性止动片、玻璃压条以及隐框窗和隐框、半隐框幕墙玻璃的金属托条等安装材料的材质、性能和规格尺寸等应符合现行行业标准《玻璃幕墙工程技术规范》JGJ 102 和《建筑玻璃应用技术规程》JGJ 113 的有关规定；用于塑料门窗时，支承块尚应符合现行行业标准《塑料门窗工程技术规程》JGJ 103 的有关规定。

4.3.6 耐火型门窗的支承块、定位块等安装材料应采用阻燃型材料。

5 贴膜中空玻璃用材与构造

5.1 原 片

5.1.1 原片可采用平板玻璃、超白浮法玻璃、半钢化玻璃、钢化玻璃、均质钢化玻璃和单片防火玻璃等，并应由设计选用确定；其外观、质量和性能应符合下列国家现行产品标准的有关规定：

1 《平板玻璃》GB 11614；

2 《建筑用安全玻璃 第1部分：防火玻璃》GB 15763.1；

3 《建筑用安全玻璃 第4部分：均质钢化玻璃》GB 15763.4；

4 《半钢化玻璃》GB/T 17841；

5 《超白浮法玻璃》JC/T 2128；

6 《建筑门窗幕墙用钢化玻璃》JG/T 455。

5.1.2 原片的外观和规格尺寸应满足门窗和玻璃幕墙建筑外立面设计要求。

5.1.3 原片应具有足够的承载能力和刚度，并应满足抗震、抗风压、防热炸裂等结构设计要求。

5.1.4 贴膜中空玻璃不宜作为隔热型防火玻璃使用。当用作非隔热型防火玻璃时，其外侧原片应采用耐火完整性满足设计要求的单片防火玻璃，并应按现行国家标准《建筑用安全玻璃 第1部分：防火玻璃》GB 15763.1 的有关规定对耐火完整性时间进行检测。

5.1.5 原片的选择除应满足建筑设计和结构设计要求外，尚应符合下列规定：

1 在规定应使用安全玻璃的部位，原片应采用符合规定要求的安全玻璃；

2 原片厚度宜为 4mm~12mm，用于幕墙的玻璃厚度应符合现行行业标准《玻璃幕墙工程技术规范》JGJ 102 的有关规定；
3 原片应采用相同种类玻璃，且厚度差不宜大于 3mm；
4 用于玻璃幕墙的钢化玻璃原片宜为均质钢化玻璃。

5.2 功 能 膜

5.2.1 功能膜可分为 a 类功能膜和 b 类功能膜两类，应由设计根据贴膜中空玻璃的安全、节能、光学性能要求选用确定。

5.2.2 贴膜中空玻璃的外侧原片必须粘贴功能膜，当有节能、采光性能要求时，应选用 a 类功能膜。

5.2.3 功能膜应满足现行国家标准《建筑玻璃用功能膜》GB/T 29061 中防飞溅级功能膜的技术要求。

5.2.4 功能膜厚度不应小于 0.05mm，且最小厚度应根据原片厚度和面积按表 5.2.4 确定，同时应考虑使用地区、使用部位的风压、外力冲击等影响。

表 5.2.4 功能膜最小厚度 (mm)

玻璃面积 A (m^2)	原片厚度 d(mm)			
	$d \leq 6$	$6 < d \leq 8$	$8 < d \leq 10$	$10 < d \leq 12$
$A \leq 2$	0.05	0.05	0.10	0.10
$2 < A \leq 5$	0.05	0.10	0.10	0.10
$5 < A \leq 8$	—	—	0.15	0.15

5.2.5 a 类功能膜应按现行国家标准《建筑玻璃 可见光透射比、太阳光直接透射比、太阳能总透射比、紫外线透射比及有关窗玻璃参数的测定》GB/T 2680 的有关规定进行辐射率检测，其辐射率应符合表 5.2.5 的规定。

表 5.2.5 a 类功能膜辐射率

a 类功能膜类型	辐射率 ε_n
隔热型	$\varepsilon_n > 0.4$
阳光控制型	$\varepsilon_n \leq 0.4$

5.2.6 功能膜不宜拼接使用。当功能膜幅宽小于原片短边尺寸时可进行拼贴，拼贴应采用对接加覆盖贴膜方式，覆盖贴膜的宽度不应小于50mm，拼贴次数不宜大于1次，并应按现行行业标准《建筑玻璃膜应用技术规程》JGJ/T 351的有关规定通过试验确定贴膜中空玻璃的残余抗风压性能。

5.3 边部密封材料

5.3.1 贴膜中空玻璃应采用内、外双道密封，边部密封材料应满足空腔层水气和气体密封要求并能保持贴膜中空玻璃的结构稳定，密封材料的粘结性能和水气渗透率应符合现行国家标准《中空玻璃》GB/T 11944的有关规定。

5.3.2 外道密封材料的选用应符合下列规定：

　　1 隐框窗和隐框、半隐框以及点支承玻璃幕墙用贴膜中空玻璃应选用符合现行国家标准《中空玻璃用硅酮结构密封胶》GB 24266或《建筑用硅酮结构密封胶》GB 16776要求的中性硅酮结构密封胶；

　　2 明框门窗和明框玻璃幕墙用贴膜中空玻璃可选用聚硫密封胶、中性硅酮密封胶或聚氨酯密封胶，其性能质量应符合国家现行标准《中空玻璃用弹性密封胶》GB/T 29755和《建筑门窗幕墙用中空玻璃弹性密封胶》JG/T 471的相关要求；

　　3 充气贴膜中玻璃宜选用聚硫密封胶或充气中空玻璃专用中性硅酮结构密封胶。

5.3.3 内道密封材料应选用符合现行行业标准《中空玻璃用丁基热熔密封胶》JC/T 914规定的丁基热熔密封胶。

5.3.4 贴膜中空玻璃边部密封构造应符合下列规定（图5.3.4）。

　　1 内道、外道密封胶的粘结宽度应符合现行国家标准《中空玻璃》GB/T 11944的有关规定；

　　2 当外道密封胶采用硅酮结构密封胶时，粘结宽度应按现行行业标准《玻璃幕墙工程技术规范》JGJ 102的有关规定通过计算确定，且其最小粘结宽度不应小于7mm并宜大于粘结厚度，最大粘结宽度不宜大于粘结厚度的2倍；

3 原片与外道密封胶的粘结部位不得粘贴功能膜。

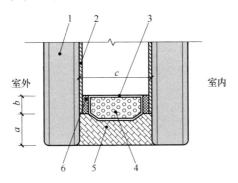

1—原片；2—功能膜；3—间隔材料；4—干燥剂；5—外道密封胶；6—内道密封胶；
a—外道密封胶粘结宽度；b—内道密封胶粘结宽度；c—外道密封胶粘结厚度

图5.3.4 贴膜中空玻璃边部密封构造

5.4 空腔层及其他材料

5.4.1 贴膜中空玻璃的单个空腔层厚度宜为9mm～18mm，用于隐框窗和隐框、半隐框和点支承玻璃幕墙时，单个空腔层的厚度不应大于12mm。

5.4.2 间隔材料可采用间隔铝框或暖边间隔条，不得使用热熔型间隔胶条。间隔材料的选择应符合下列规定：

1 间隔铝框可选择连续折弯型或插角型，间隔铝框应满足现行行业标准《中空玻璃间隔条 第1部分：铝间隔条》JC/T 2069的技术要求；

2 热工性能要求较高的贴膜中空玻璃可采用暖边间隔条，并应满足现行行业标准《中空玻璃间隔条 第3部分：暖边间隔条》JC/T 2453的要求；

3 充气贴膜中空玻璃应采用连续折弯型间隔条并应对接缝处做密封处理。

5.4.3 干燥剂应选用 3A 分子筛,不应使用氯化钙、氧化钙类干燥剂,3A 分子筛干燥剂应满足现行国家标准《3A 孔径分子筛》GB/T 10504 的技术要求。

5.4.4 间隔铝框中的干燥剂宜采用专用设备填充。

6 分类与命名

6.1 分　　类

6.1.1 按原片间空腔层数量可分为：单腔贴膜中空玻璃、双腔贴膜中空玻璃。

6.1.2 按贴膜原片数量可分为：单片贴膜中空玻璃、双片贴膜中空玻璃、三片贴膜中空玻璃。

6.1.3 按原片玻璃种类可分为：平板玻璃、超白浮法玻璃、半钢化玻璃、钢化玻璃、均质钢化玻璃、单片防火玻璃。

6.1.4 按空腔填充的气体类型可分为：充空气贴膜中空玻璃、充氩气贴膜中空玻璃。

6.1.5 按粘贴的功能膜类型可分为：a类功能膜、b类功能膜。

6.1.6 贴膜中空玻璃的分类名称简写应符合表6.1.6的规定。

表6.1.6　贴膜中空玻璃分类名称简写

分类依据	分类名称	简写
原片间空腔层数量	单腔贴膜中空玻璃	单腔
	双腔贴膜中空玻璃	双腔
贴膜原片数量	单片贴膜中空玻璃	单片
	双片贴膜中空玻璃	双片
	三片贴膜中空玻璃	三片
原片玻璃种类	平板玻璃、超白浮法玻璃	非钢化
	半钢化玻璃	半钢化
	钢化玻璃、均质钢化玻璃	钢化
	单片防火玻璃	耐火
空腔填充气体类型	充空气贴膜中空玻璃	A
	充氩气贴膜中空玻璃	Ar
粘贴的功能膜类型	a类功能膜	Ta
	b类功能膜	Tb

6.2 命名规则及示例

6.2.1 贴膜中空玻璃应标记名称，名称编写应清晰、正确。

6.2.2 贴膜中空玻璃应采用原片、功能膜、空腔简写按室外至室内对应位置依次编排，空腔层数量简写、贴膜原片数量简写、原片种类简写按序标记并以"贴膜中空玻璃"字样结尾的方式命名（图6.2.2-1、图6.2.2-2）。

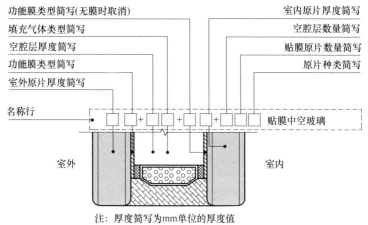

注：厚度简写为mm单位的厚度值
图6.2.2-1 贴膜中空玻璃命名示意图1

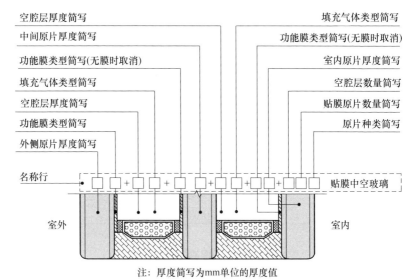

注：厚度简写为mm单位的厚度值
图6.2.2-2 贴膜中空玻璃命名示意图2

6.2.3 贴膜中空玻璃名称编写示例如下：

1 粘贴 a 类功能膜的 4mm 厚平板玻璃外侧原片与 4mm 厚平板玻璃内侧原片之间形成一个 16mm 厚空腔，并在空腔中填充干燥空气的贴膜中空玻璃命名为：4Ta+16A+4 单腔单片非钢化贴膜中空玻璃（图 6.2.3-1）；

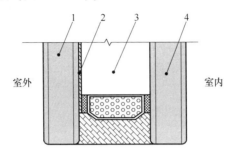

1—4mm 厚平板玻璃外侧原片；2—a 类功能膜；3—16mm 厚空气空腔层；
4—4mm 厚平板玻璃内侧原片

图 6.2.3-1　4Ta+16A+4 单腔单片非钢化贴膜中空玻璃示例

2 粘贴 a 类功能膜的 4mm 厚超白浮法玻璃外侧原片、4mm 厚超白浮法玻璃中间原片、4mm 厚超白浮法玻璃内侧原片相互间形成两个 12mm 厚空腔，并在空腔中填充干燥空气的贴膜中空玻璃命名为：4Ta+12A+4+12A+4 双腔单片非钢化贴膜中空玻璃（图 6.2.3-2）；

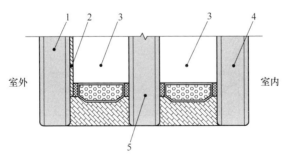

1—4mm 厚超白浮法玻璃外侧原片；2—a 类功能膜；3—12mm 厚空气空腔层；
4—4mm 厚超白浮法玻璃内侧原片；5—4mm 厚超白浮法玻璃中间原片

图 6.2.3-2　4Ta+12A+4+12A+4 双腔单片非钢化贴膜中空玻璃示例

3 粘贴 a 类功能膜的 6mm 厚钢化玻璃外侧原片与粘贴 b 类功能膜的 6mm 厚钢化玻璃内侧原片之间形成一个 16mm 厚空腔，并在空腔中填充干燥氩气的贴膜中空玻璃命名为：6Ta+16Ar+Tb6 单腔双片钢化贴膜中空玻璃（图 6.2.3-3）；

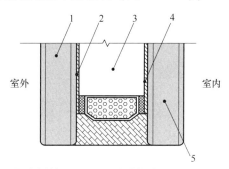

1—6mm 厚钢化玻璃外侧原片；2—a 类功能膜；3—16mm 厚氩气空腔层；
4—b 类功能膜；5—6mm 厚钢化玻璃内侧原片

图 6.2.3-3　6Ta+16Ar+Tb6 单腔双片钢化贴膜中空玻璃示例

4 粘贴 a 类功能膜的 5mm 厚半钢化玻璃外侧原片、5mm 厚半钢化玻璃中间原片、粘贴 b 类功能膜的 5mm 厚半钢化玻璃内侧原片相互间形成两个 12mm 厚空腔，并在空腔中填充干燥氩气的贴膜中空玻璃命名为：5Ta+12Ar+5+12Ar+Tb5 双腔双片半钢化贴膜中空玻璃（图 6.2.3-4）；

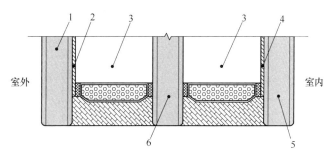

1—5mm 厚半钢化玻璃外侧原片；2—a 类功能膜；3—12mm 厚氩气空腔层；
4—b 类功能膜；5—5mm 厚半钢化玻璃内侧原片；
6—5mm 厚半钢化玻璃中间原片

图 6.2.3-4　5Ta+12Ar+5+12Ar+Tb5 双腔双片半钢化贴膜中空玻璃示例

5 粘贴 a 类功能膜的 6mm 厚钢化玻璃外侧原片、粘贴 a 类功能膜的 5mm 厚钢化玻璃中间原片以及粘贴 b 类功能膜的 5mm 厚钢化玻璃内侧原片相互之间分别形成 12mm 厚和 9mm 厚空腔，并在空腔中填充干燥氩气的贴膜中空玻璃命名为：6Ta＋12Ar＋Ta5+9Ar+Tb5 双腔三片钢化贴膜中空玻璃（图 6.2.3-5）。

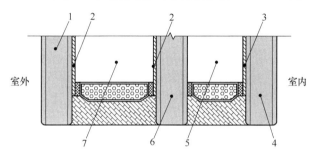

1—6mm 厚钢化玻璃外侧原片；2—a 类功能膜；3—b 类功能膜；
4—5mm 厚钢化玻璃内侧原片；5—9mm 厚氩气空腔层；
6—5mm 厚钢化玻璃中间原片；7—12mm 厚氩气空腔层

图 6.2.3-5　6Ta＋12Ar＋Ta5+9Ar+Tb5 双腔三片钢化贴膜中空玻璃示例

7 选用设计

7.1 一般规定

7.1.1 贴膜中空玻璃的用材和选型应由设计根据建筑所在地的地理、气候、环境等具体条件和建筑的使用要求合理确定。

7.1.2 贴膜中空玻璃的选材设计应符合本规程第 5 章的规定。

7.1.3 应用贴膜中空玻璃的门窗和玻璃幕墙设计文件应标明下列内容：

    1 贴膜中空玻璃的名称和使用部位；

    2 功能膜厚度；

    3 有节能设计要求时：

        1）门窗和玻璃幕墙的传热系数、太阳得热系数设计值；

        2）贴膜中空玻璃的传热系数、太阳能总透射比、可见光透射比设计值；

    4 有采光设计要求时，门窗和玻璃幕墙的可见光反射比、透光折减系数、颜色透射指数设计值；

    5 耐火型门窗用贴膜中空玻璃的耐火完整性时间；

    6 外道密封胶采用硅酮结构密封胶时的粘结宽度；

    7 采用暖边间隔条的应单独注明。

7.2 类型选择

7.2.1 用于下列部位的贴膜中空玻璃应选用双片贴膜中空玻璃：

    1 外窗和玻璃幕墙的外开启扇；

    2 倾斜式外窗；

    3 出入口、门厅的有框全玻璃门。

7.2.2 用于下列场所和部位的贴膜中空玻璃可选用双片钢化贴膜中空玻璃：

1 人员密集、流动性大的商业中心、商业综合体、交通枢纽、公共文化体育设施等场所的玻璃幕墙；

2 临近道路、广场一侧的玻璃幕墙；

3 出入口、人员通道上部的玻璃幕墙；

4 建筑落地窗。

7.2.3 用于消防救援窗时，宜选用单片钢化贴膜中空玻璃。

7.2.4 根据门窗和玻璃幕墙的类型以及型材材质和规格，可采用下列一种或多种措施组合，提高贴膜中空玻璃的热工性能：

1 采用暖边间隔条；

2 采用充气贴膜中空玻璃；

3 采用双腔贴膜中空玻璃。

7.2.5 4mm 厚非钢化、半钢化贴膜中空玻璃安装于四边支撑的建筑外窗时，其使用高度在地面粗糙度 B 类场地不应大于 80m，在地面粗糙度 C 类场地不应大于 100m。

7.3 防人体冲击规定

7.3.1 建筑中易受人体冲击部位所使用的双片贴膜中空玻璃应符合下列规定：

1 原片应选用钢化玻璃；

2 用于门窗的钢化玻璃厚度不应小于 4mm，用于玻璃幕墙的钢化玻璃厚度应符合现行行业标准《玻璃幕墙工程技术规范》JGJ 102 的有关规定；

3 应符合现行国家标准《建筑用安全玻璃 第 3 部分：夹层玻璃》GB 15763.3 中安全夹层玻璃的规定；

4 最大许用面积应符合表 7.3.1 的规定。

表 7.3.1 易受人体冲击部位用双片贴膜中空玻璃最大许用面积

钢化玻璃原片厚度(mm)	最大许用面积(m²)
4.0、5.0	2.0
6.0	3.0

续表 7.3.1

钢化玻璃原片厚度(mm)	最大许用面积(m^2)
8.0	4.0
10.0	5.0

7.3.2 贴膜中空玻璃的暴露边不得存在锋利的边缘和尖锐的角部。

7.3.3 安装在易于受到人体碰撞部位的贴膜中空玻璃,应设置明显的防撞提示标识。

8 加工制作

8.1 一般规定

8.1.1 贴膜中空玻璃的加工制作应符合现行行业标准《中空玻璃生产技术规程》JC/T 2071 的有关规定。

8.1.2 贴膜中空玻璃的产品质量和性能应符合本规程第 4.2 节的相关规定，用作幕墙玻璃时，尚应满足现行行业标准《玻璃幕墙工程质量检验标准》JGJ/T 139 中对玻璃材料的相关要求。

8.2 原材料要求

8.2.1 加工制作贴膜中空玻璃的原材料除应符合设计要求外，尚应符合本规程第 5 章的有关规定。

8.2.2 原材料进入加工厂时，应按下列规定对原材料进行核查，并应形成相应的原材料核查记录：

 1 对原材料的品种、规格、质量、外观等应进行核查；

 2 对原材料的下列质量证明文件应进行核查：

  1） 原材料出厂合格证、出厂检验报告；

  2） 有效期内符合设计要求的主要原材料型式检验报告；

  3） 使用安全玻璃时，其强制性产品认证证书；

  4） 使用单片防火玻璃时，其满足设计要求的耐火完整性检测报告；

  5） 使用 a 类功能膜时，其辐射率检验报告；

  6） 使用硅酮结构密封胶时，其变位承受能力数据、质量保证书以及硅酮结构密封胶与其相接触材料的相容性、剥离粘结性能检验报告；

  7） 使用进口材料时，其海关报验单和商检报告；

  8） 宜提供主要原材料生产企业的质量管理体系认证证书、

环境管理体系认证证书。

3 对原材料的下列性能指标应进行复验，复验不合格的不得使用：

1) 硅酮结构密封胶邵氏硬度和标准状态拉伸粘结性能；
2) 钢化玻璃的表面应力值；
3) 功能膜厚度。

8.3 加工工艺与要求

8.3.1 贴膜中空玻璃在加工制作前应与设计文件进行核对，并应根据门窗和玻璃幕墙的装配要求确定加工尺寸。

8.3.2 原片贴膜前应按下列要求对原片和对应粘贴的功能膜进行查验：

1 原片的种类、规格尺寸以及功能膜的类型、颜色、规格尺寸应符合设计要求，并应与供需双方确定的样板一致；

2 用于拼接粘贴的功能膜不得有明显色差。

8.3.3 贴膜中空玻璃的加工工艺流程除应符合现行行业标准《中空玻璃生产技术规程》JC/T 2071 的有关规定外，尚应符合下列规定：

1 原片贴膜应在合片前完成，贴膜应采用干贴法满粘工艺，贴膜的环境条件、工艺流程和技术要求应符合本规程附录 C 的规定；

2 原片贴膜后应按本规程第 4.2.2 条、第 5.2.6 条的规定对贴膜质量和功能膜拼接质量进行检验，检验合格后方可进入下一工序；

3 上框前应对贴膜原片的功能膜进行修边，修边宽度应满足外道密封胶的粘结宽度要求；

4 合片时，贴膜原片的安装位置和方向应与贴膜中空玻璃名称中标识的位置和方向一致，不得错位和反转。

8.3.4 硅酮结构胶的封胶应符合下列规定：

1 封胶前应通过相容性、粘结性、混合均匀性和适用期检验，检验合格后方可封胶；

  2 封胶时的环境温度、湿度应满足产品的使用规定，其粘结宽度应符合设计要求和本规程第5.3.4条的规定。

8.3.5 用作点支承幕墙和全玻幕墙的贴膜中空玻璃，其边缘和开孔的加工处理除应符合国家现行标准《建筑幕墙》GB/T 21086和《玻璃幕墙工程技术规范》JGJ 102的有关规定外，孔洞的密封构造尚应符合本规程第5.3.4条的规定。

8.3.6 贴膜中空玻璃的产地与安装地海拔高差较大时，宜加装均压管，均压管在安装地调整压差后应做密闭处理。

8.4 检验出厂

8.4.1 贴膜中空玻璃的成品检验应分为型式检验和出厂检验。

8.4.2 型式检验应包括本规程第4.2.1~4.2.3条要求的全部检验项目，每2年应进行一次型式检验。

8.4.3 出厂检验的检验项目应包括：外观质量、尺寸允许偏差、露点、充气贴膜中空玻璃初始气体含量；需要增加其他检验项目时应由供需双方确定。

8.4.4 检验的组批与抽样应按国家现行标准《中空玻璃》GB/T 11944和《贴膜玻璃》JC 846的有关规定执行。

8.4.5 贴膜中空玻璃出厂前，应在室内一侧玻璃外表面标记内外安装方向，标记应清晰明显，安装验收后应易于清除。

8.4.6 贴膜中空玻璃出厂时应提供出厂合格证、相关性能检测报告以及原材料核查记录等质量证明文件。

8.4.7 贴膜中空玻璃出厂时的包装、标志、运输和贮存应按现行国家标准《中空玻璃》GB/T 11944的有关规定执行。

9 安装施工

9.0.1 贴膜中空玻璃和安装材料的类型、外观、性能和规格尺寸应满足设计要求并应符合本规程第 4 章的规定。

9.0.2 材料进场时应按本规程第 10 章的规定进行进场验收和复验,验收不合格的不得使用。

9.0.3 贴膜中空玻璃在门窗开启扇、隐框窗、单元式玻璃幕墙单元组件和隐框玻璃幕墙装配组件中的安装应在门窗和玻璃幕墙组件加工厂完成。

9.0.4 贴膜中空玻璃的安装方向应与出厂标记的安装方向一致,安装错误时应及时调整,严禁贴膜中空玻璃内外反装。

9.0.5 贴膜中空玻璃安装时的支承与固定,应使其边缘不直接接触边框型材或支承构件,并应确保门窗开启扇启闭性能良好。

9.0.6 明框门窗安装贴膜中空玻璃时,其镶嵌装配尺寸、密封材料施工,支承块(垫块)、定位块(垫块)、弹性止动片的数量和位置以及玻璃压条的安装均应满足设计要求,并应符合下列国家现行标准中对玻璃安装的有关规定:

1 《铝合金门窗》GB/T 8478;
2 《建筑用塑料门窗》GB/T 28886;
3 《塑料门窗工程技术规程》JGJ 103;
4 《建筑玻璃应用技术规程》JGJ 113;
5 《铝合金门窗工程技术规范》JGJ 214。

9.0.7 贴膜中空玻璃在玻璃幕墙、隐框窗中的安装除应满足设计要求外,尚应符合国家现行标准《建筑幕墙》GB/T 21086 和《玻璃幕墙工程技术规范》JGJ 102 的有关规定。

9.0.8 贴膜中空玻璃的抗侧移安装应符合现行行业标准《建筑玻璃应用技术规程》JGJ 113 的有关规定。

9.0.9 贴膜中空玻璃安装施工的安全规定应按现行行业标准《玻璃幕墙工程技术规范》JGJ 102 的有关规定执行。

10 工 程 验 收

10.1 一 般 规 定

10.1.1 贴膜中空玻璃的工程质量验收除应符合本规程的规定外，尚应符合下列国家现行标准的有关规定：

    1《建筑装饰装修工程质量验收标准》GB 50210；

    2《建筑工程施工质量验收统一标准》GB 50300；

    3《建筑节能工程施工质量验收标准》GB 50411；

    4《建筑环境通用规范》GB 55016；

    5《建筑与市政工程施工质量控制通用规范》GB 55032；

    6《玻璃幕墙工程质量检验标准》JGJ/T 139。

10.1.2 贴膜中空玻璃的进场（门窗、幕墙组件加工厂）检验应符合下列规定：

    1 对产品的类型、规格、外观、数量、包装等应进行检查验收，验收结果应经监理工程师（建设单位代表）检查确认，并应形成相应的进场验收记录；

    2 对产品的下列质量证明文件应进行核查，核查结果应经监理工程师（建设单位代表）检查确认：

      1）产品合格证、出厂检验报告；

      2）最近 2 年内符合设计要求的产品型式检验报告；

      3）用于加工制作贴膜中空玻璃的原材料核查记录；

      4）满足节能、采光设计要求的传热系数、太阳能总透射比、可见光透射比、可见光反射比检测报告；

      5）满足设计文件要求的其他性能检验、检测报告；

    3 对产品的下列性能指标应进行复验，复验应为见证检验，复验结果不合格的不得使用：

      1）传热系数、太阳能总透射比、可见光透射比、贴膜原片辐射率；
   2) 露点温度、充气贴膜中空玻璃初始气体含量；
   3) 防飞溅性能；
   4) 用于非隔热型防火玻璃时的耐火完整性时间。

10.1.3 贴膜中空玻璃安装过程中应进行质量检查、隐蔽工程验收，安装完成后应与门窗玻璃安装工程、玻璃幕墙工程以及建筑节能工程同步进行质量验收。

10.1.4 密封胶（条）施工前应对下列部位或内容进行隐蔽工程现场验收，并应以详细文字记录或图像记录方式形成隐蔽工程验收记录：

   1 贴膜中空玻璃的安装方向；
   2 采用均压管时的密闭处理；
   3 支承块（支承垫块）、定位块（定位垫块）、止动片、隐框幕墙托条、衬垫材料的安装数量和位置；
   4 隐框窗、隐框幕墙玻璃板块的固定。

10.1.5 门窗和玻璃幕墙工程质量验收时，应核查贴膜中空玻璃的进场验收记录、质量证明文件、复验报告、隐蔽工程验收记录及施工记录，核查记录应作为工程竣工验收备案必备资料纳入建设工程档案管理。

10.1.6 除本章另有规定外，贴膜中空玻璃工程质量验收的检验批划分、检验项目、检验方法及检查数量宜与建设项目门窗玻璃安装、玻璃幕墙以及门窗、幕墙节能等分项工程质量验收的检验批划分、检验项目、检验方法及检查数量协调一致。

10.1.7 检验批质量应按主控项目和一般项目进行验收，检验批质量验收合格应符合下列规定：

   1 主控项目的质量经抽样检验应全部合格；
   2 一般项目的质量应有 80% 以上的检验点合格，且不合格点不得影响使用或存在严重缺陷；
   3 应具有完整的施工操作依据和质量验收记录。

10.2 主控项目

10.2.1 贴膜中空玻璃的类型、规格、尺寸允许偏差应符合设计要求和本规程第 4.2.3 条的规定,边部密封材料和构造应符合本规程第 5.3 节的规定。

检验方法:应观察、尺量检查;应核查进场验收记录、质量证明文件、设计文件。原片为安全玻璃时,应检查原片强制性产品认证标志或采用便携式玻璃鉴定仪进行检查。

检查数量:同一厂家生产的同一类型、规格、批次的产品应作为一个检验批,每批应随机抽取 5% 且不得少于 3 件。原片为安全玻璃时,应对原片全数检查。

10.2.2 贴膜中空玻璃进场(门窗、幕墙组件加工厂)检验的复验报告结果应满足设计要求和本规程第 4.2.1 条、第 5.2.5 条的有关规定。

检验方法:应核查质量证明文件、设计文件、节能计算书、各项复验报告;其中传热系数、太阳能总透射比、可见光透射比、贴膜原片辐射率应在同一复验报告中。

检查数量:同厂家、同类型产品,每 $3000m^2$ 应划分 1 个检验批,不足 $3000m^2$ 的也应划分为 1 个检验批,每个检验批应复验 1 次。

10.2.3 全玻幕墙和点支承幕墙的贴膜中空玻璃开孔密封构造应符合本规程第 8.3.5 条的规定。

检验方法:应观察、尺量检查。

检查数量:同厂家、同批次有开孔的产品应作为一个检验批,每批应随机抽取 5% 且不得少于 3 件,每件的每个开孔均应检查。

10.2.4 贴膜中空玻璃的安装标识应明显、清晰、完整,安装方向应正确无误。

检验方法:应检查安装标识;应核查隐蔽工程验收记录和施工记录。必要时,可使用膜面鉴别仪判断功能膜位置。

检查数量：应全数检查。

10.3 一般项目

10.3.1 贴膜中空玻璃的外观质量应符合本规程第 4.2.2 条的规定。

检验方法：应观察、尺量检查。

检查数量：同一厂家生产的同一类型、规格、批次的产品应作为一个检验批，每批应随机抽取 5% 且不得少于 6 件。

10.3.2 功能膜的拼贴次数和覆盖贴膜宽度应符合本规程第 5.2.6 条的规定。

检验方法：应观察、尺量检查；应核查残余抗风压性能检测报告。

检查数量：同厂家、同批次有拼贴的产品应作为一个检验批，每批应随机抽取 5% 且不得少于 6 件。

10.3.3 采用均压管的贴膜中空玻璃应进行密闭处理。

检验方法：应观察检查；应核查隐蔽工程验收记录和施工记录。

检查数量：应全数检查。

附录 A 常用贴膜中空玻璃光热性能参数

A.0.1 4mm厚原片贴膜中空玻璃光热性能参数可按表 A.0.1 取值。

表 A.0.1 4mm厚原片贴膜中空玻璃光热性能参数

玻璃编号	贴膜中空玻璃品种及规格	功能膜类型及颜色	可见光透射比	可见光反射比	太阳能总透射比(g)	玻璃中部传热系数 K_{gc}[W/(m²·K)]	
						空气(A)	氩气(Ar)
4-1	4Ta+16A/Ar+4 单腔单片	阳光控制 棕灰	0.42	0.11	0.28	1.58	1.30
4-2	4Ta+16A/Ar+4 单腔单片	阳光控制 幽兰	0.45	0.13	0.30	1.58	1.30
4-3	4Ta+16A/Ar+4 单腔单片	阳光控制 藏青	0.45	0.11	0.30	1.58	1.30
4-4	4Ta+16A/Ar+4 单腔单片	阳光控制 湖蓝	0.52	0.14	0.31	1.58	1.30
4-5	4Ta+16A/Ar+4 单腔单片	阳光控制 蓝紫	0.52	0.13	0.32	1.58	1.30
4-6	4Ta+16A/Ar+4 单腔单片	阳光控制 草绿	0.60	0.17	0.38	1.58	1.30
4-7	4Ta+16A/Ar+4 单腔单片	阳光控制 云灰	0.47	0.16	0.31	1.86	1.61
4-8	4Ta+16A/Ar+4 单腔单片	阳光控制 天蓝	0.57	0.21	0.37	1.86	1.61
4-9	4Ta+16A/Ar+4 单腔单片	阳光控制 海蓝	0.61	0.28	0.46	1.86	1.61

续表 A.0.1

玻璃编号	贴膜中空玻璃品种及规格	功能膜类型及颜色		可见光透射比	可见光反射比	太阳能总透射比 (g)	玻璃中部传热系数 $K_{gc}[W/(m^2·K)]$	
							空气(A)	氩气(Ar)
4-10	4'Ta+16A/Ar+4 单腔单片	阳光控制	钴蓝	0.67	0.24	0.52	1.86	1.61
4-11	4'Ta+16A/Ar+4 单腔单片	隔热	青蓝	0.69	0.14	0.46	2.69	2.54
4-12	4'Ta+16A/Ar+4 单腔单片	隔热	淡蓝	0.72	0.12	0.75	2.69	2.54
4-13	4'Ta+16A/Ar+4 单腔双片	阳光控制+隔热	墨蓝	0.44	0.12	0.29	1.58	1.30
4-14	4'Ta+16A/Ar+4 单腔双片	阳光控制+隔热	青灰	0.49	0.14	0.33	1.58	1.30
4-15	4'Ta+16A/Ar+4 单腔双片	阳光控制+隔热	青绿	0.57	0.17	0.36	1.58	1.30
4-16	4'Ta+16A/Ar+4 单腔双片	阳光控制+隔热	湖蓝	0.55	0.16	0.34	1.58	1.30
4-17	4'Ta+16A/Ar+4 单腔双片	阳光控制+隔热	天蓝	0.60	0.19	0.39	1.58	1.30
4-18	4'Ta+12A/Ar+4+12A/Ar+4 双腔单片	阳光控制	湖蓝	0.45	0.14	0.24	1.38	1.14
4-19	4'Ta+12A/Ar+4+12A/Ar+4 双腔单片	阳光控制	蓝紫	0.45	0.13	0.25	1.38	1.14
4-20	4'Ta+12A/Ar+4+12A/Ar+4 双腔单片	阳光控制	草绿	0.53	0.17	0.31	1.38	1.14
4-21	4'Ta+12A/Ar+4+12A/Ar+4 双腔单片	阳光控制	云灰	0.42	0.16	0.24	1.51	1.31
4-22	4'Ta+12A/Ar+4+12A/Ar+4 双腔单片	阳光控制	天蓝	0.52	0.21	0.30	1.51	1.31
4-23	4'Ta+12A/Ar+4+12A/Ar+4 双腔单片	阳光控制	海蓝	0.56	0.28	0.39	1.51	1.31
4-24	4'Ta+12A/Ar+4+12A/Ar+4 双腔单片	阳光控制	钴蓝	0.62	0.24	0.45	1.51	1.31

续表 A.0.1

玻璃编号	贴膜中空玻璃品种及规格	功能膜类型及颜色		可见光透射比	可见光反射比	太阳能总透射比 (g)	玻璃中部传热系数 K_{gc} [W/(m²·K)]	
							空气(A)	氩气(Ar)
4-25	4Ta+12A/Ar+4+12A/Ar+4 双腔单片	隔热	青蓝	0.64	0.14	0.39	1.87	1.71
4-26	4Ta+12A/Ar+4+12A/Ar+4 双腔单片	隔热	淡蓝	0.67	0.12	0.68	1.87	1.71
4-27	4Ta+12A/Ar+4+12A/Ar+Ta4 双腔双片	阳光控制+隔热	青灰	0.42	0.14	0.26	1.38	1.14
4-28	4Ta+12A/Ar+4+12A/Ar+Ta4 双腔双片	阳光控制+隔热	青绿	0.50	0.17	0.29	1.38	1.14
4-29	4Ta+12A/Ar+4+12A/Ar+Ta4 双腔双片	阳光控制+隔热	湖蓝	0.48	0.16	0.27	1.38	1.14
4-30	4Ta+12A/Ar+4+12A/Ar+Ta4 双腔双片	阳光控制+隔热	天蓝	0.53	0.19	0.32	1.38	1.14

注：
1 传热系数以普通间隔铝框为同隔热材料进行测试和验证计算；
2 内侧原片或中间原片和中间原片同时粘贴 b 类功能膜的双片，三片贴膜中空玻璃可按表中对应的单片贴膜中空玻璃光热性能参数取值；
3 5mm 厚原片贴膜中空玻璃的传热系数可按表中数据减小 0.01 W/(m²·K) 进行估算；
4 表中可见光透射比以平板玻璃为原片进行测试和计算，当以超白浮法玻璃作原片时，可见光透射比可在表中数据基础上增加 2%~3%；
5 当空腔层厚度与表中单腔贴膜中空玻璃的空腔层厚度相差在±4.0mm 范围内时，单腔贴膜中空玻璃的可见光透射比、可见光反射比和太阳能总透射比可按表中对应的参数取值；
6 可见光反射比指室外侧指玻璃的可见光反射比。

A.0.2 6mm厚原片贴膜中空玻璃光热性能参数可按表A.0.2取值。

表A.0.2 6mm厚原片贴膜中空玻璃光热性能参数

玻璃编号	贴膜中空玻璃品种及规格	功能膜类型及颜色		可见光透射比	可见光反射比	太阳能总透射比 (g)	玻璃中部传热系数 K_{gc}[W/(m²·K)]	
							空气(A)	氩气(Ar)
6-1	6Ta+16A/Ar+6单腔单片	阳光控制	棕灰	0.40	0.11	0.26	1.56	1.28
6-2	6Ta+16A/Ar+6单腔单片	阳光控制	幽兰	0.43	0.13	0.28	1.56	1.28
6-3	6Ta+16A/Ar+6单腔单片	阳光控制	藏青	0.43	0.11	0.28	1.56	1.28
6-4	6Ta+16A/Ar+6单腔单片	阳光控制	湖蓝	0.50	0.14	0.29	1.56	1.28
6-5	6Ta+16A/Ar+6单腔单片	阳光控制	紫蓝	0.50	0.13	0.30	1.56	1.28
6-6	6Ta+16A/Ar+6单腔单片	阳光控制	草绿	0.58	0.17	0.36	1.56	1.28
6-7	6Ta+16A/Ar+6单腔单片	阳光控制	云灰	0.45	0.16	0.29	1.84	1.59
6-8	6Ta+16A/Ar+6单腔单片	阳光控制	天蓝	0.55	0.21	0.35	1.84	1.59
6-9	6Ta+16A/Ar+6单腔单片	阳光控制	海蓝	0.59	0.28	0.44	1.84	1.59
6-10	6Ta+16A/Ar+6单腔单片	阳光控制	钴蓝	0.65	0.24	0.50	1.84	1.59
6-11	6Ta+16A/Ar+6单腔单片	隔热	青蓝	0.67	0.14	0.44	2.66	2.52
6-12	6Ta+16A/Ar+6单腔单片	隔热	浓蓝	0.70	0.12	0.73	2.66	2.52

续表 A.0.2

玻璃编号	贴膜中空玻璃品种及规格	功能膜类型及颜色	可见光透射比	可见光反射比	太阳能总透射比 (g)	玻璃中部传热系数 K_{gc} [W/(m²·K)] 空气(A)	氩气(Ar)
6-13	6Ta+16A/Ar+Ta6 单腔双片	阳光控制+隔热 墨蓝	0.42	0.12	0.27	1.56	1.28
6-14	6Ta+16A/Ar+Ta6 单腔双片	阳光控制+隔热 青灰	0.47	0.14	0.31	1.56	1.28
6-15	6Ta+16A/Ar+Ta6 单腔双片	阳光控制+隔热 青绿	0.55	0.17	0.34	1.56	1.28
6-16	6Ta+16A/Ar+Ta6 单腔双片	阳光控制+隔热 湖蓝	0.53	0.16	0.32	1.56	1.28
6-17	6Ta+16A/Ar+Ta6 单腔双片	阳光控制+隔热 天蓝	0.58	0.19	0.37	1.56	1.28
6-18	6Ta+9A/Ar+6+9A/Ar+6 双腔单片	阳光控制 湖蓝	0.45	0.14	0.22	1.57	1.29
6-19	6Ta+9A/Ar+6+9A/Ar+6 双腔单片	阳光控制 紫蓝	0.45	0.13	0.23	1.57	1.29
6-20	6Ta+9A/Ar+6+9A/Ar+6 双腔单片	阳光控制 草绿	0.53	0.17	0.29	1.57	1.29
6-21	6Ta+9A/Ar+6+9A/Ar+6 双腔单片	阳光控制 云灰	0.40	0.16	0.22	1.68	1.44
6-22	6Ta+9A/Ar+6+9A/Ar+6 双腔单片	阳光控制 天蓝	0.50	0.21	0.28	1.68	1.44
6-23	6Ta+9A/Ar+6+9A/Ar+6 双腔单片	阳光控制 海蓝	0.54	0.28	0.37	1.68	1.44
6-24	6Ta+9A/Ar+6+9A/Ar+6 双腔单片	阳光控制 钴蓝	0.60	0.24	0.43	1.68	1.44
6-25	6Ta+9A/Ar+6+9A/Ar+6 双腔单片	隔热 青蓝	0.62	0.14	0.37	1.99	1.80

续表 A.0.2

玻璃编号	贴膜中空玻璃品种及规格	功能膜类型及颜色	可见光透射比	可见光反射比	太阳能总透射比 (g)	玻璃中部传热系数 $K_{gc}[W/(m^2·K)]$ 空气(A)	玻璃中部传热系数 $K_{gc}[W/(m^2·K)]$ 氩气(Ar)
6-26	6Ta+9A/Ar+6+9A/Ar+6 双腔单片	隔热 淡蓝	0.65	0.12	0.66	1.99	1.80
6-27	6Ta+9A/Ar+6+9A/Ar+Ta6 双腔双片	阳光控制+隔热 青灰	0.42	0.14	0.24	1.57	1.29
6-28	6Ta+9A/Ar+6+9A/Ar+Ta6 双腔双片	阳光控制+隔热 青绿	0.50	0.17	0.27	1.57	1.29
6-29	6Ta+9A/Ar+6+9A/Ar+Ta6 双腔双片	阳光控制+隔热 湖蓝	0.48	0.16	0.25	1.57	1.29
6-30	6Ta+9A/Ar+6+9A/Ar+Ta6 双腔双片	阳光控制+隔热 天蓝	0.53	0.19	0.30	1.57	1.29

注：
1 传热系数以普通间隔铝框为间隔材料进行测试和验证计算；
2 内侧原片或中间原片和中间原片同时粘贴 b 类功能膜的双片、三片贴膜中空玻璃可按表中对应的单片膜中空贴膜中空玻璃光热性能参数取值；
3 表中可见光透射比以平板玻璃为原片进行测试和计算，当以超白浮法玻璃作原片时，可见光透射比可在表中数据基础上增加 2%~3%；
4 当空腔层厚度与表中单腔贴膜中空玻璃的空腔层厚度相差在±4.0mm 范围内时，单腔贴膜中空玻璃的可见光透射比、可见光反射比和太阳能总透射比可按表中对应的参数取值；
5 可见光反射比指室外侧原片的可见光反射比。

A.0.3 8mm厚原片贴膜中空玻璃光热性能参数可按表A.0.3取值。

表A.0.3 8mm厚原片贴膜中空玻璃光热性能参数

玻璃编号	贴膜中空玻璃品种及规格	功能膜类型及颜色	可见光透射比	可见光反射比	太阳能总透射比 (g)	$K_{gc}[W/(m^2 \cdot K)]$ 空气(A)	$K_{gc}[W/(m^2 \cdot K)]$ 氩气(Ar)
8-1	8Ta+16A/Ar+8 单腔单片	阳光控制 湖蓝	0.46	0.14	0.27	1.54	1.26
8-2	8Ta+16A/Ar+8 单腔单片	阳光控制 蓝紫	0.46	0.13	0.28	1.54	1.26
8-3	8Ta+16A/Ar+8 单腔单片	阳光控制 草绿	0.54	0.17	0.34	1.54	1.26
8-4	8Ta+16A/Ar+8 单腔单片	隔热 青蓝	0.65	0.14	0.42	2.63	2.49
8-5	8Ta+16A/Ar+8 单腔单片	隔热 淡蓝	0.68	0.12	0.71	2.63	2.49
8-6	8Ta+16A/Ar+Ta8 单腔双片	阳光控制+隔热 青灰	0.43	0.14	0.29	1.54	1.26
8-7	8Ta+16A/Ar+Ta8 单腔双片	阳光控制+隔热 青绿	0.51	0.17	0.32	1.54	1.26
8-8	8Ta+16A/Ar+Ta8 单腔双片	阳光控制+隔热 湖蓝	0.49	0.16	0.30	1.54	1.26
8-9	8Ta+16A/Ar+Ta8 单腔双片	阳光控制+隔热 天蓝	0.54	0.19	0.35	1.54	1.26

注：
1 传热系数以普通间隔铝框为间隔材料进行测试和验证计算；
2 内侧原片或内侧原片和中间原片同时粘贴b类功能膜的双片，性能参数取值；
3 表中可见光透射比以平板玻璃为原片进行测试和计算，当以超白浮法玻璃作原片时，三片贴膜中空玻璃可按表中对应的单片贴膜中空玻璃光热性能参数，可见光透射比可在表中数据基础上增加2%~3%；
4 当空腔层厚度与表中单腔贴膜中空玻璃的空腔层厚度相差在±4.0mm范围内时，单腔贴膜中空玻璃的可见光透射比和太阳能总透射比可按表中对应的参数取值；
5 可见光反射比指室外侧玻璃的可见光反射比。

40

附录 B 常用贴膜中空玻璃整窗或玻璃幕墙光热性能参数

B.0.1 4mm厚原片贴膜中空玻璃配合UPVC塑料窗框的整窗光热性能参数可按表B.0.1取值。

表 B.0.1 4mm厚原片贴膜中空玻璃配合UPVC塑料窗框的整窗光热性能参数

玻璃编号	贴膜中空玻璃品种及规格	可见光透射比	三腔结构UPVC塑料窗框 $K_f = 2.50$(含钢衬)		
			太阳得热系数 ($SHGC$)	整窗传热系数(K)[W/(m²·K)]	
				空气(A)	氩气(Ar)
4-1	4Ta+16A/Ar+4 单腔单片	0.42	0.22	1.86	1.66
4-2	4Ta+16A/Ar+4 单腔单片	0.45	0.24	1.86	1.66
4-3	4Ta+16A/Ar+4 单腔单片	0.45	0.24	1.86	1.66
4-4	4Ta+16A/Ar+4 单腔单片	0.52	0.25	1.86	1.66
4-5	4Ta+16A/Ar+4 单腔单片	0.52	0.25	1.86	1.66
4-6	4Ta+16A/Ar+4 单腔单片	0.60	0.29	1.86	1.66
4-7	4Ta+16A/Ar+4 单腔单片	0.47	0.25	2.05	1.88
4-8	4Ta+16A/Ar+4 单腔单片	0.57	0.29	2.05	1.88

续表 B.0.1

玻璃编号	贴膜中空玻璃品种及规格	可见光透射比	三腔结构 UPVC 塑料窗框 $K_f=2.50$(含钢衬)			
			太阳得热系数 ($SHGC$)	整窗传热系数 (K) [W/(m²·K)]		
				空气(A)	氩气(Ar)	
4-9	4Ta+16A/Ar+4 单腔单片	0.61	0.35	2.05	1.88	
4-10	4Ta+16A/Ar+4 单腔单片	0.67	0.39	2.05	1.88	
4-11	4Ta+16A/Ar+4 单腔单片	0.69	0.35	2.63	2.53	
4-12	4Ta+16A/Ar+4 单腔单片	0.72	0.55	2.63	2.53	
4-13	4Ta+16A/Ar+Ta4 单腔双片	0.44	0.23	1.86	1.66	
4-14	4Ta+16A/Ar+Ta4 单腔双片	0.49	0.26	1.86	1.66	
4-15	4Ta+16A/Ar+Ta4 单腔双片	0.57	0.28	1.86	1.66	
4-16	4Ta+16A/Ar+Ta4 单腔双片	0.55	0.27	1.86	1.66	
4-17	4Ta+16A/Ar+Ta4 单腔双片	0.60	0.30	1.86	1.66	

注：1 表中太阳得热系数（$SHGC$），整窗传热系数（K）按窗框占整窗面积 30%进行计算；
2 UPVC 塑料窗框采用三腔结构（总厚度不小于 60mm），窗框传热系数（K_f）按国家标准《建筑门窗玻璃幕墙热工计算规程》JGJ/T 151—2008 附录 B 中有关规定取值；
3 整窗传热系数（K）参照国家标准《民用建筑热工设计规范》GB 50176—2016 中公式 C.5.1 计算而得，计算时未考虑玻璃边缘线传热系数对整窗传热系数的影响；
4 太阳得热系数（$SHGC$）根据国家标准《民用建筑热工设计规范》GB 50176—2016 中公式 C.7 计算而得，非透光部分的太阳辐射吸收系数按 0.6（无量纲）取值，外表面对流换热系数按 16.0 [W/(m²·K)]（夏季）取值。

42

B.0.2 4mm厚原片贴膜中空玻璃配合不同隔热铝合金框的整窗光热性能参数可按表B.0.2取值。

表B.0.2 4mm厚原片贴膜中空玻璃配合不同隔热铝合金窗框的整窗光热性能参数

玻璃编号	贴膜中空玻璃品种及规格	可见光透射比	14.8mm隔热条铝合金窗框 $K_f=3.20$			25.3mm尼龙隔热条铝合金窗框 $K_f=2.70$			$K_f=2.10$(填充泡沫)尼龙隔热条铝合金窗框		
			整窗传热系数(K)		太阳得热系数	整窗传热系数(K)		太阳得热系数	整窗传热系数(K)		太阳得热系数
			A	Ar		A	Ar		A	Ar	
4-1	4Ta+16A/Ar+4 单腔单片	0.42	2.07	1.87	0.23	1.92	1.72	0.23	1.74	1.54	0.22
4-2	4Ta+16A/Ar+4 单腔单片	0.45	2.07	1.87	0.25	1.92	1.72	0.24	1.74	1.54	0.23
4-3	4Ta+16A/Ar+4 单腔单片	0.45	2.07	1.87	0.25	1.92	1.72	0.24	1.74	1.54	0.23
4-4	4Ta+16A/Ar+4 单腔单片	0.52	2.07	1.87	0.25	1.92	1.72	0.25	1.74	1.54	0.24
4-5	4Ta+16A/Ar+4 单腔单片	0.52	2.07	1.87	0.26	1.92	1.72	0.25	1.74	1.54	0.25
4-6	4Ta+16A/Ar+4 单腔单片	0.60	2.07	1.87	0.30	1.92	1.72	0.30	1.74	1.54	0.29
4-7	4Ta+16A/Ar+4 单腔单片	0.47	2.26	2.09	0.25	2.11	1.94	0.25	1.93	1.76	0.24
4-8	4Ta+16A/Ar+4 单腔单片	0.57	2.26	2.09	0.30	2.11	1.94	0.29	1.93	1.76	0.28
4-9	4Ta+16A/Ar+4 单腔单片	0.61	2.26	2.09	0.35	2.11	1.94	0.35	1.93	1.76	0.35
4-10	4Ta+16A/Ar+4 单腔单片	0.67	2.26	2.09	0.40	2.11	1.94	0.39	1.93	1.76	0.39
4-11	4Ta+16A/Ar+4 单腔单片	0.69	2.84	2.74	0.35	2.69	2.59	0.35	2.51	2.41	0.35
4-12	4Ta+16A/Ar+4 单腔单片	0.72	2.84	2.74	0.53	2.69	2.59	0.52	2.51	2.41	0.55

续表 B.0.2

玻璃编号	贴膜中空玻璃品种及规格	可见光透射比	14.8mm尼龙隔热条铝合金窗框 $K_f=3.20$			25.3mm尼龙隔热条铝合金窗框 $K_f=2.70$			$K_f=2.10$(填充泡沫)		
			太阳得热系数	整窗传热系数(K) A	Ar	太阳得热系数	整窗传热系数(K) A	Ar	太阳得热系数	整窗传热系数(K) A	Ar
4-13	4Ta+16A/Ar+Ta4 单腔双片	0.44	0.24	2.07	1.87	0.23	1.92	1.72	0.23	1.74	1.54
4-14	4Ta+16A/Ar+Ta4 单腔双片	0.49	0.27	2.07	1.87	0.26	1.92	1.72	0.25	1.74	1.54
4-15	4Ta+16A/Ar+Ta4 单腔双片	0.57	0.29	2.07	1.87	0.28	1.92	1.72	0.28	1.74	1.54
4-16	4Ta+16A/Ar+Ta4 单腔双片	0.55	0.27	2.07	1.87	0.27	1.92	1.72	0.26	1.74	1.54
4-17	4Ta+16A/Ar+Ta4 单腔双片	0.60	0.31	2.07	1.87	0.30	1.92	1.72	0.30	1.74	1.54
4-18	4Ta+12A/Ar+4 12A/Ar+4 双腔单片	0.45	0.20	1.93	1.76	0.20	1.78	1.61	0.19	1.60	1.43
4-19	4Ta+12A/Ar+4 12A/Ar+4 双腔单片	0.45	0.21	1.93	1.76	0.21	1.78	1.61	0.20	1.60	1.43
4-20	4Ta+12A/Ar+4 12A/Ar+4 双腔单片	0.53	0.25	1.93	1.76	0.25	1.78	1.61	0.24	1.60	1.43
4-21	4Ta+12A/Ar+4 12A/Ar+4 双腔单片	0.42	0.20	2.02	1.88	0.20	1.87	1.73	0.19	1.69	1.55
4-22	4Ta+12A/Ar+4 12A/Ar+4 双腔单片	0.52	0.25	2.02	1.88	0.24	1.87	1.73	0.23	1.69	1.55
4-23	4Ta+12A/Ar+4 12A/Ar+4 双腔单片	0.56	0.31	2.02	1.88	0.30	1.87	1.73	0.30	1.69	1.55
4-24	4Ta+12A/Ar+4 12A/Ar+4 双腔单片	0.62	0.35	2.02	1.88	0.35	1.87	1.73	0.34	1.69	1.55
4-25	4Ta+12A/Ar+4 12A/Ar+4 双腔单片	0.64	0.31	2.27	2.16	0.30	2.12	2.00	0.30	1.94	1.83

续表 B.0.2

玻璃编号	贴膜中空玻璃品种及规格	可见光透射比	14.8mm尼龙隔热条铝合金窗框 $K_f=3.20$ 太阳得热系数	14.8mm尼龙隔热条铝合金窗框 $K_f=3.20$ 整窗传热系数(K) A	14.8mm尼龙隔热条铝合金窗框 $K_f=3.20$ 整窗传热系数(K) Ar	25.3mm尼龙隔热条铝合金窗框 $K_f=2.70$ 太阳得热系数	25.3mm尼龙隔热条铝合金窗框 $K_f=2.70$ 整窗传热系数(K) A	25.3mm尼龙隔热条铝合金窗框 $K_f=2.70$ 整窗传热系数(K) Ar	25.3mm尼龙隔热条铝合金窗框(填充泡沫) $K_f=2.10$ 太阳得热系数	25.3mm尼龙隔热条铝合金窗框(填充泡沫) $K_f=2.10$ 整窗传热系数(K) A	25.3mm尼龙隔热条铝合金窗框(填充泡沫) $K_f=2.10$ 整窗传热系数(K) Ar
4-26	4Ta+12A/Ar+4+12A/Ar+4 双腔单片	0.67	0.51	2.27	2.16	0.51	2.12	2.00	0.50	1.94	1.83
4-27	4Ta+12A/Ar+4+12A/Ar+Ta4 双腔双片	0.42	0.22	1.93	1.76	0.21	1.78	1.61	0.21	1.60	1.43
4-28	4Ta+12A/Ar+4+12A/Ar+Ta4 双腔双片	0.50	0.24	1.93	1.76	0.23	1.78	1.61	0.23	1.60	1.43
4-29	4Ta+12A/Ar+4+12A/Ar+Ta4 双腔双片	0.48	0.23	1.93	1.76	0.22	1.78	1.61	0.21	1.60	1.43
4-30	4Ta+12A/Ar+4+12A/Ar+Ta4 双腔双片	0.53	0.26	1.93	1.76	0.25	1.78	1.61	0.25	1.60	1.43

注：
1 表中A指空气，Ar指氩气，传热系数单位为 $W/(m^2 \cdot K)$；
2 表中太阳得热系数(SHGC)，整窗传热系数(K)按窗框占整窗面积30%进行计算；
3 窗框传热系数(K_f)按国家标准《建筑门窗玻璃幕墙热工计算规程》JGJ/T 151—2008附录B中有关规定取值；
4 14.8mm尼龙隔热条铝合金窗框是指采用宽度为14.8mm的PA66-25尼龙玻璃纤维作隔热条，窗框总厚度不小于55mm的隔热铝合金窗框；25.3mm尼龙隔热条铝合金窗框是指采用宽度为25.3mm的PA66-25尼龙玻璃纤维作隔热条，窗框总厚度不小于65mm的尼龙隔热条铝合金窗框；在隔热条所对应空腔中完全填充导热系数不大于0.20 $[W/(m^2 \cdot K)]$ 泡沫材料的25.3mm尼龙隔热条铝合金窗框，其窗框传热系数(K_f)按2.10 $[W/(m^2 \cdot K)]$ 取值；
5 整窗传热系数(K)参照国家标准《民用建筑热工设计规范》GB 50176—2016中公式C.5.1计算而得，计算时未考虑玻璃边缘线传热系数对整窗传热系数的影响；
6 太阳得热系数(SHGC)根据国家标准《民用建筑热工设计规范》GB 50176—2016中公式C.7计算而得，非透光部分的太阳辐射吸收系数统一按0.6（无量纲）取值，外表面对流换热系数按16.0 $[W/(m^2 \cdot K)]$（夏季）取值。

B.0.3 6mm厚原片贴膜中空玻璃配合UPVC塑料窗框的整窗光热性能参数的整窗光热性能参数可按表B.0.3取值。

表B.0.3 6mm厚原片贴膜中空玻璃配合UPVC塑料窗框的整窗光热性能参数

玻璃编号	贴膜中空玻璃品种及规格	可见光透射比	三腔结构UPVC塑料窗框	整窗传热系数(K)[W/(m^2·K)] $K_f=2.50$(含钢衬)	
			太阳得热系数($SHGC$)	空气(A)	氩气(Ar)
6-1	6Ta+16A/Ar+6 单腔单片	0.40	0.21	1.84	1.65
6-2	6Ta+16A/Ar+6 单腔单片	0.43	0.22	1.84	1.65
6-3	6Ta+16A/Ar+6 单腔单片	0.43	0.22	1.84	1.65
6-4	6Ta+16A/Ar+6 单腔单片	0.50	0.23	1.84	1.65
6-5	6Ta+16A/Ar+6 单腔单片	0.50	0.24	1.84	1.65
6-6	6Ta+16A/Ar+6 单腔单片	0.58	0.28	1.84	1.65
6-7	6Ta+16A/Ar+6 单腔单片	0.45	0.23	2.04	1.86
6-8	6Ta+16A/Ar+6 单腔单片	0.55	0.27	2.04	1.86
6-9	6Ta+16A/Ar+6 单腔单片	0.59	0.33	2.04	1.86
6-10	6Ta+16A/Ar+6 单腔单片	0.65	0.38	2.04	1.86
6-11	6Ta+16A/Ar+6 单腔单片	0.67	0.34	2.61	2.51

续表 B.0.3

三腔结构 UPVC 塑料窗框　　$K_f=2.50$（含钢衬）

玻璃编号	贴膜中空玻璃品种及规格	可见光透射比	太阳得热系数（$SHGC$）	整窗传热系数（K）[W/(m²·K)] 空气(A)	整窗传热系数（K）[W/(m²·K)] 氩气(Ar)
6-12	6Ta+16A/Ar+6 单腔单片	0.70	0.54	2.61	2.51
6-13	6Ta+16A/Ar+Ta6 单腔双片	0.42	0.22	1.84	1.65
6-14	6Ta+16A/Ar+Ta6 单腔双片	0.47	0.25	1.84	1.65
6-15	6Ta+16A/Ar+Ta6 单腔双片	0.55	0.27	1.84	1.65
6-16	6Ta+16A/Ar+Ta6 单腔双片	0.53	0.25	1.84	1.65
6-17	6Ta+16A/Ar+Ta6 单腔双片	0.58	0.29	1.84	1.65

注：1 表中太阳得热系数（$SHGC$），整窗传热系数（K）按窗框占整窗面积30%进行计算；
　　2 UPVC塑料窗框采用三腔结构（总厚度不小于60mm），窗框传热系数（K_f）按国家标准《建筑门窗玻璃幕墙热工计算规程》JGJ/T 151—2008 附录B中有关规定取值；
　　3 整窗传热系数（K）参照国家标准《民用建筑热工设计规范》GB 50176—2016 中公式 C.5.1 计算而得，计算时未考虑玻璃边缘线传热系数对整窗传热系数的影响；
　　4 太阳得热系数（$SHGC$）根据国家标准《民用建筑热工设计规范》GB 50176—2016 中公式 C.7 计算而得，非透光部分的太阳辐射吸收系数按0.6（无量纲）取值，外表面对流换热系数按16.0［W/(m²·K)］（夏季）取值。

47

B.0.4 6mm厚原片贴膜中空玻璃配合不同隔热铝合金框的整窗光热性能参数可按表B.0.4取值。

表 B.0.4 6mm厚原片贴膜中空玻璃配合不同隔热铝合金窗框的整窗光热性能参数

玻璃编号	贴膜中空玻璃品种及规格	可见光透射比	14.8mm尼龙隔热条铝合金窗框 $K_f=3.20$			25.3mm尼龙隔热条铝合金窗框 $K_f=2.70$				$K_f=2.10$（填充泡沫）		
			太阳得热系数	整窗传热系数（K）		太阳得热系数	整窗传热系数（K）		太阳得热系数	整窗传热系数（K）	
				A	Ar		A	Ar		A	Ar
6-1	6Ta+16A/Ar+6 单腔单片	0.40	0.22	2.05	1.86	0.21	1.90	1.71	0.21	1.72	1.53
6-2	6Ta+16A/Ar+6 单腔单片	0.43	0.23	2.05	1.86	0.23	1.90	1.71	0.22	1.72	1.53
6-3	6Ta+16A/Ar+6 单腔单片	0.43	0.23	2.05	1.86	0.23	1.90	1.71	0.22	1.72	1.53
6-4	6Ta+16A/Ar+6 单腔单片	0.50	0.24	2.05	1.86	0.23	1.90	1.71	0.23	1.72	1.53
6-5	6Ta+16A/Ar+6 单腔单片	0.50	0.25	2.05	1.86	0.24	1.90	1.71	0.23	1.72	1.53
6-6	6Ta+16A/Ar+6 单腔单片	0.58	0.29	2.05	1.86	0.28	1.90	1.71	0.28	1.72	1.53
6-7	6Ta+16A/Ar+6 单腔单片	0.45	0.24	2.25	2.07	0.23	2.10	1.92	0.23	1.92	1.74
6-8	6Ta+16A/Ar+6 单腔单片	0.55	0.28	2.25	2.07	0.28	2.10	1.92	0.27	1.92	1.74
6-9	6Ta+16A/Ar+6 单腔单片	0.59	0.34	2.25	2.07	0.34	2.10	1.92	0.33	1.92	1.74
6-10	6Ta+16A/Ar+6 单腔单片	0.65	0.39	2.25	2.07	0.38	2.10	1.92	0.37	1.92	1.74
6-11	6Ta+16A/Ar+6 单腔单片	0.67	0.34	2.82	2.72	0.34	2.67	2.57	0.33	2.49	2.39
6-12	6Ta+16A/Ar+6 单腔单片	0.70	0.55	2.82	2.72	0.54	2.67	2.57	0.53	2.49	2.39

续表 B.0.4

玻璃编号	贴膜中空玻璃品种及规格	可见光透射比	14.8mm尼龙隔热条铝合金窗框 $K_f=3.20$			25.3mm尼龙隔热条铝合金窗框 $K_f=2.70$			25.3mm尼龙隔热条铝合金窗框 $K_f=2.10$（填充泡沫）		
			太阳得热系数	整窗传热系数（K）		太阳得热系数	整窗传热系数（K）		太阳得热系数	整窗传热系数（K）	
				A	Ar		A	Ar		A	Ar
6-13	6Ta+16A/Ar+Ta6 单腔双片	0.42	0.23	2.05	1.86	0.22	1.90	1.71	0.21	1.72	1.53
6-14	6Ta+16A/Ar+Ta6 单腔双片	0.47	0.25	2.05	1.86	0.25	1.90	1.71	0.24	1.72	1.53
6-15	6Ta+16A/Ar+Ta6 单腔双片	0.55	0.27	2.05	1.86	0.27	1.90	1.71	0.26	1.72	1.53
6-16	6Ta+16A/Ar+Ta6 单腔双片	0.53	0.26	2.05	1.86	0.25	1.90	1.71	0.25	1.72	1.53
6-17	6Ta+16A/Ar+Ta6 单腔双片	0.58	0.30	2.05	1.86	0.29	1.90	1.71	0.28	1.72	1.53
6-18	6Ta+9A/Ar+6+9A/Ar+6 双腔单片	0.45	0.19	2.06	1.86	0.18	1.91	1.71	0.18	1.73	1.53
6-19	6Ta+9A/Ar+6+9A/Ar+6 双腔单片	0.45	0.20	2.06	1.86	0.19	1.91	1.71	0.18	1.73	1.53
6-20	6Ta+9A/Ar+6+9A/Ar+6 双腔单片	0.53	0.24	2.06	1.86	0.23	1.91	1.71	0.23	1.73	1.53
6-21	6Ta+9A/Ar+6+9A/Ar+6 双腔单片	0.40	0.19	2.14	1.99	0.18	1.99	1.82	0.18	1.81	1.64
6-22	6Ta+9A/Ar+6+9A/Ar+6 双腔单片	0.50	0.23	2.14	1.99	0.23	1.99	1.82	0.22	1.81	1.64
6-23	6Ta+9A/Ar+6+9A/Ar+6 双腔单片	0.54	0.30	2.14	1.99	0.29	1.99	1.82	0.28	1.81	1.64
6-24	6Ta+9A/Ar+6+9A/Ar+6 双腔单片	0.60	0.34	2.14	1.99	0.33	1.99	1.82	0.32	1.81	1.64
6-25	6Ta+9A/Ar+6+9A/Ar+6 双腔单片	0.62	0.30	2.35	2.22	0.29	2.20	2.07	0.28	2.02	1.89

续表 B.0.4

玻璃编号	贴膜中空玻璃品种及规格	可见光透射比	14.8mm尼龙隔热条铝合金窗框 $K_f=3.20$			25.3mm尼龙隔热条铝合金窗框 $K_f=2.70$			25.3mm尼龙隔热条铝合金窗框 $K_f=2.10$（填充泡沫）		
			太阳得热系数	整窗传热系数（K） A	Ar	太阳得热系数	整窗传热系数（K） A	Ar	太阳得热系数	整窗传热系数（K） A	Ar
6-26	6Ta+9A/Ar+6+9A/Ar+6 双腔单片	0.65	0.50	2.35	2.22	0.49	2.20	2.07	0.49	2.02	1.89
6-27	6Ta+9A/Ar+6+9A/Ar+Ta6 双腔双片	0.42	0.20	2.06	1.86	0.20	1.91	1.71	0.19	1.73	1.53
6-28	6Ta+9A/Ar+6+9A/Ar+Ta6 双腔双片	0.50	0.23	2.06	1.86	0.22	1.91	1.71	0.21	1.73	1.53
6-29	6Ta+9A/Ar+6+9A/Ar+Ta6 双腔双片	0.48	0.21	2.06	1.86	0.21	1.91	1.71	0.20	1.73	1.53
6-30	6Ta+9A/Ar+6+9A/Ar+Ta6 双腔双片	0.53	0.25	2.06	1.86	0.24	1.91	1.71	0.23	1.73	1.53

注:
1 表中 A 指空气，Ar 指氩气，传热系数单位为 W/(m²·K)；
2 表中太阳得热系数（SHGC），整窗传热系数（K）按窗框占整窗面积 30% 进行计算；
3 窗框传热系数（K_f）按国家标准《建筑门窗玻璃幕墙热工计算规程》JGJ/T 151—2008 附录 B 中有关规定取值；
4 14.8mm 尼龙隔热条铝合金窗框是指采用宽度为 14.8mm 的 PA66-25 尼龙玻纤材料作隔热条，窗框总厚度不小于 55mm 的隔热铝合金窗框；25.3mm 尼龙隔热条铝合金窗框是指采用宽度为 25.3mm 的 PA66-25 尼龙玻纤材料作隔热条，窗框总厚度不小于 65mm 的隔热铝合金窗框；在隔热条所对应空腔中完全填充导热系数不大于 0.20 [W/(m²·K)] 泡沫材料的 25.3mm 尼龙隔热条铝合金窗框，其窗框传热系数（K_f）按 2.10 [W/(m²·K)] 取值；
5 整窗传热系数（K）参照国家标准《民用建筑热工设计规范》GB 50176—2016 中公式 C.5.1 计算而得，计算时未考虑玻璃边缘线传热系数对整窗传热系数的影响；
6 太阳得热系数（SHGC）根据国家标准《民用建筑热工设计规范》GB 50176—2016 中公式 C.7 计算而得，非透光部分的太阳辐射吸收系数统一按 0.6（无量纲）取值，外表面对流换热系数按 16.0 [W/(m²·K)]（夏季）取值。

B.0.5 6mm厚原片贴膜中空玻璃配合不同铝合金型材的玻璃幕墙光热性能参数可按表B.0.5取值。

表B.0.5 6mm厚原片贴膜中空玻璃配合不同铝合金型材的玻璃幕墙光热性能参数

玻璃编号	贴膜中空玻璃品种及规格	可见光透射比	非隔热铝合金型材 $K_f=5.9$			14.8mm尼龙隔热条铝合金型材 $K_f=3.20$			25.3mm尼龙隔热条铝合金型材 $K_f=2.70$		
			太阳得热系数	玻璃幕墙传热系数(K)		太阳得热系数	玻璃幕墙传热系数(K)		太阳得热系数	玻璃幕墙传热系数(K)	
				A	Ar		A	Ar		A	Ar
6-1	6Ta+16A/Ar+6 单腔单片	0.40	0.25	2.21	1.97	0.24	1.81	1.57	0.24	1.73	1.49
6-2	6Ta+16A/Ar+6 单腔单片	0.43	0.27	2.21	1.97	0.26	1.81	1.57	0.25	1.73	1.49
6-3	6Ta+16A/Ar+6 单腔单片	0.43	0.27	2.21	1.97	0.26	1.81	1.57	0.25	1.73	1.49
6-4	6Ta+16A/Ar+6 单腔单片	0.50	0.28	2.21	1.97	0.26	1.81	1.57	0.26	1.73	1.49
6-5	6Ta+16A/Ar+6 单腔单片	0.50	0.29	2.21	1.97	0.27	1.81	1.57	0.27	1.73	1.49
6-6	6Ta+16A/Ar+6 单腔单片	0.58	0.34	2.21	1.97	0.32	1.81	1.57	0.32	1.73	1.49
6-11	6Ta+16A/Ar+6 单腔单片	0.67	0.41	3.15	3.03	0.39	2.74	2.62	0.39	2.67	2.55
6-12	6Ta+16A/Ar+6 单腔单片	0.70	0.65	3.15	3.03	0.64	2.74	2.62	0.64	2.67	2.55
6-13	6Ta+16A/Ar+Ta6 单腔双片	0.42	0.26	2.21	1.97	0.25	1.81	1.57	0.24	1.73	1.49
6-14	6Ta+16A/Ar+Ta6 单腔双片	0.47	0.30	2.21	1.97	0.28	1.81	1.57	0.28	1.73	1.49
6-15	6Ta+16A/Ar+Ta6 单腔双片	0.55	0.32	2.21	1.97	0.31	1.81	1.57	0.30	1.73	1.49
6-16	6Ta+16A/Ar+Ta6 单腔双片	0.53	0.31	2.21	1.97	0.29	1.81	1.57	0.29	1.73	1.49
6-17	6Ta+16A/Ar+Ta6 单腔双片	0.58	0.35	2.21	1.97	0.33	1.81	1.57	0.33	1.73	1.49
6-18	6Ta+9A/Ar+6+9A/Ar+6 双腔单片	0.45	0.22	2.22	1.98	0.21	1.81	1.58	0.20	1.74	1.50

续表 B.0.5

玻璃编号	贴膜中空玻璃品种及规格	可见光透射比	非隔热铝合金型材 $K_f=5.9$			14.8mm 尼龙隔热条铝合金型材 $K_f=3.20$			25.3mm 尼龙隔热条铝合金型材 $K_f=2.70$		
			太阳得热系数	玻璃幕墙传热系数(K)		太阳得热系数	玻璃幕墙传热系数(K)		太阳得热系数	玻璃幕墙传热系数(K)	
				A	Ar		A	Ar		A	Ar
6-19	6Ta+9A/Ar+6 双腔单片	0.45	0.23	2.22	1.98	0.21	1.81	1.58	0.21	1.74	1.50
6-20	6Ta+9A/Ar+6 双腔单片	0.53	0.28	2.22	1.98	0.26	1.81	1.58	0.26	1.74	1.50
6-25	6Ta+9A/Ar+6 双腔单片	0.62	0.34	2.58	2.42	0.33	2.17	2.00	0.33	2.10	1.94
6-26	6Ta+9A/Ar+6 双腔单片	0.65	0.59	2.58	2.42	0.58	2.17	2.00	0.58	2.10	1.94
6-27	6Ta+9A/Ar+6 双腔双片	0.42	0.24	2.22	1.98	0.22	1.81	1.58	0.22	1.74	1.50
6-28	6Ta+9A/Ar+Ta6 双腔双片	0.50	0.26	2.22	1.98	0.25	1.81	1.58	0.24	1.74	1.50
6-29	6Ta+9A/Ar+Ta6 双腔双片	0.48	0.25	2.22	1.98	0.23	1.81	1.58	0.23	1.74	1.50
6-30	6Ta+9A/Ar+Ta6 双腔双片	0.53	0.29	2.22	1.98	0.27	1.81	1.58	0.27	1.74	1.50

注：1 表中 A 指空气，Ar 指氩气，传热系数单位为 W/(m²·K)；
2 表中太阳得热系数（$SHGC$），玻璃幕墙传热系数（K）以型材面积占比 15% 的明框玻璃幕墙进行计算；
3 型材传热系数（K_f）按国家标准《建筑门窗玻璃幕墙热工计算规程》JGJ/T 151—2008 附录 B 中有关规定取值；
4 14.8mm 尼龙隔热条铝合金型材是指采用宽度为 14.8mm 的 PA66-25 尼龙玻璃纤维隔热条的隔热铝合金型材；25.3mm 尼龙隔热条铝合金型材是指采用宽度为 25.3mm 的 PA66-25 尼龙玻璃纤维隔热条的隔热铝合金型材；
5 玻璃幕墙的传热系数（K）参照国家标准《民用建筑热工设计规范》GB 50176—2016 中公式 C.5.1 计算而得；
6 考虑玻璃边缘线传热系数对玻璃幕墙传热系数的影响；
  太阳得热系数（$SHGC$）根据国家标准《民用建筑热工设计规范》GB 50176—2016 中公式 C.7 计算而得，非透光部分的太阳辐射吸收系数统一按 0.6（无量纲）取值，外表面对流换热系数按 16.0 [W/(m²·K)]（夏季）取值。

B.0.6　8mm厚原片贴膜中空玻璃配合不同铝合金型材的玻璃幕墙光热性能参数

表B.0.6　8mm厚原片贴膜中空玻璃配合不同铝合金型材的玻璃幕墙光热性能参数

玻璃编号	贴膜中空玻璃品种及规格	可见光透射比	非隔热条铝合金型材 $K_f=5.9$			14.8mm尼龙隔热条铝合金型材 $K_f=3.20$			25.3mm尼龙隔热条铝合金型材 $K_f=2.70$		
			太阳得热系数	幕墙传热系数		太阳得热系数	幕墙传热系数		太阳得热系数	幕墙传热系数	
				A	Ar		A	Ar		A	Ar
8-1	8Ta+16A/Ar+8 单腔单片	0.46	0.26	2.19	1.96	0.25	1.79	1.55	0.24	1.71	1.48
8-2	8Ta+16A/Ar+8 单腔单片	0.46	0.27	2.19	1.96	0.26	1.79	1.55	0.25	1.71	1.48
8-3	8Ta+16A/Ar+8 单腔单片	0.54	0.32	2.19	1.96	0.31	1.79	1.55	0.30	1.71	1.48
8-4	8Ta+16A/Ar+8 单腔单片	0.65	0.39	3.12	3.00	0.38	2.72	2.60	0.37	2.64	2.52
8-5	8Ta+16A/Ar+8 单腔单片	0.68	0.64	3.12	3.00	0.62	2.72	2.60	0.62	2.64	2.52
8-6	8Ta+16A/Ar+Ta8 单腔双片	0.43	0.28	2.19	1.96	0.26	1.79	1.55	0.26	1.71	1.48
8-7	8Ta+16A/Ar+Ta8 单腔双片	0.51	0.31	2.19	1.96	0.29	1.79	1.55	0.29	1.71	1.48
8-8	8Ta+16A/Ar+Ta8 单腔双片	0.49	0.29	2.19	1.96	0.27	1.79	1.55	0.27	1.71	1.48
8-9	8Ta+16A/Ar+Ta8 单腔双片	0.54	0.33	2.19	1.96	0.32	1.79	1.55	0.31	1.71	1.48

注：
1. 表中A指空气，Ar指氩气，传热系数单位为$W/(m^2 \cdot K)$。
2. 表中太阳得热系数（SHGC）、玻璃幕墙传热系数（K）以型材面积片比15%的明框玻璃幕墙进行计算；
3. 14.8mm尼龙隔热条铝合金型材的PA66-25尼龙玻纤隔热条宽度为14.8mm，25.3mm尼龙隔热条铝合金型材的PA66-25尼龙玻纤隔热条宽度为25.3mm；型材传热系数按国家标准《建筑门窗玻璃幕墙热工计算规程》JGJ/T 151—2008附录B中有关规定取值。
4. 玻璃幕墙的传热系数和太阳得热系数按《民用建筑热工设计规范》GB 50176—2016公式C.5.1和公式C.7计算而得，计算时未考虑玻璃边缘线传热系数影响；非透光部分的太阳辐射吸收系数统一按0.6（无量纲）取值，外表面对流换热系数按16.0 [$W/(m^2 \cdot K)$]（夏季）取值。

附录 C 功能膜粘贴工艺及技术要求

C.0.1 功能膜应在环境温度 20℃±5℃，相对湿度 50%~70%，大气压 $8.6×10^4$ Pa~$1.06×10^5$ Pa 的无尘室内进行粘贴。

C.0.2 功能膜应按工艺流程进行粘贴（图 C.0.2）。

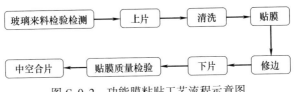

图 C.0.2 功能膜粘贴工艺流程示意图

C.0.3 功能膜粘贴应满足以下技术条件：

1 清洗原片应使用去离子水，去离子水的电导率应小于 20μ/cm；

2 贴膜生产线清洗机的干燥风应经过滤处理；

3 清洗后的原片表面不应存在划伤、破角、水渍或残留水珠等缺陷；

4 在合片前和合片中，应采取措施保证经检验合格后的贴膜原片不因环境或人为因素造成表面质量损伤。

C.0.4 生产过程应符合下列规定：

1 进入无尘室的操作人员应穿戴无尘服、口罩、防静电手套、网帽等，非操作人员进入无尘室应穿戴防静电大褂、网帽、鞋套等相应服装；

2 清洗机应按 15d~20d 周期进行定期保养，每日应更换入风口过滤棉并检查清洗机工作效果，每 3 日应更换清洗用水；

3 功能膜粘贴前应做好以下加工准备工作：

  1）检查清洗机水位，预热清洗水；采用去离子水时，应检查水的电导率，同时应检查热风干燥效果；

2）调整覆膜机覆膜参数，如果使用自动修边机应及时检查调整修边机的修边宽度；

3）检查并确定覆膜机上已安装的功能膜为待使用的材料，并保证功能膜装机无误；

4）原片清洗前对有明显霉斑、手印、指纹印、油渍等缺陷的不合格产品应及时更换。

C.0.5 贴膜原片应在满足本规程 C.0.1 条规定的环境条件中静置 48 h，静置完成后应对贴膜质量进行检查，检查合格的再转送至中空线进行合片。

本规程用词说明

1 为便于在执行本规程条文时区别对待，对要求严格程度不同的用词说明如下：
  1）表示很严格，非这样做不可的：
    正面词采用"必须"；
    反面词采用"严禁"。
  2）表示严格，在正常情况下均应这样做的：
    正面词采用"应"；
    反面词采用"不应"或"不得"。
  3）表示允许稍有选择，在条件许可时首先应这样做的：
    正面词采用"宜"；
    反面词采用"不宜"。
  4）表示有选择，在一定条件下可以这样做的，采用"可"。
2 条文中指明应按其他有关标准执行的写法为："应符合……的规定（要求）"或"应按……执行"。

引用标准名录

本规程引用下列标准。其中，注日期的，仅对该日期对应的版本适用本规程；不注日期的，其最新版本适用本规程。

《建筑结构荷载规范》GB 50009
《建筑设计防火规范》GB 50016
《建筑采光设计标准》GB 50033
《民用建筑热工设计规范》GB 50176
《公共建筑节能设计标准》GB 50189
《建筑装饰装修工程质量验收标准》GB 50210
《建筑工程施工质量验收统一标准》GB 50300
《建筑节能工程施工质量验收标准》GB 50411
《工业建筑节能设计统一标准》GB 51245
《工程结构通用规范》GB 55001
《建筑节能与可再生能源利用通用规范》GB 55015
《建筑环境通用规范》GB 55016
《民用建筑通用规范》GB 55031
《建筑与市政工程施工质量控制通用规范》GB 55032
《建筑防火通用规范》GB 55037
《建筑玻璃 可见光透射比、太阳光直接透射比、太阳能总透射比、紫外线透射比及有关窗玻璃参数的测定》GB/T 2680
《铝合金门窗》GB/T 8478
《3A 孔径分子筛》GB/T 10504
《平板玻璃》GB 11614
《中空玻璃》GB/T 11944
《防火门》GB 12955
《硅酮和改性硅酮建筑密封胶》GB/T 14683

《建筑用安全玻璃 第1部分：防火玻璃》GB 15763.1
《建筑用安全玻璃 第3部分：夹层玻璃》GB 15763.3
《建筑用安全玻璃 第4部分：均质钢化玻璃》GB 15763.4
《建筑用硅酮结构密封胶》GB 16776
《防火窗》GB 16809
《半钢化玻璃》GB/T 17841
《玻璃幕墙光热性能》GB/T 18091
《建筑幕墙》GB/T 21086
《中空玻璃稳态 U 值（传热系数）的计算及测定》GB/T 22476
《防火封堵材料》GB 23864
《中空玻璃用硅酮结构密封胶》GB 24266
《建筑用阻燃密封胶》GB/T 24267
《建筑门窗、幕墙用密封胶条》GB/T 24498
《建筑用塑料门窗》GB/T 28886
《建筑玻璃用功能膜》GB/T 29061
《建筑用节能门窗 第1部分：铝木复合门窗》GB/T 29734.1
《中空玻璃用弹性密封胶》GB/T 29755
《建筑幕墙、门窗通用技术条件》GB/T 31433
《玻璃幕墙工程技术规范》JGJ 102
《塑料门窗工程技术规程》JGJ 103
《建筑玻璃应用技术规程》JGJ 113
《玻璃幕墙工程质量检验标准》JGJ/T 139
《建筑门窗玻璃幕墙热工计算规程》JGJ/T 151
《铝合金门窗工程技术规范》JGJ 214
《建筑玻璃膜应用技术规程》JGJ/T 351
《聚氨酯建筑密封胶》JC/T 482
《聚硫建筑密封胶》JC/T 483
《丙烯酸酯建筑密封胶》JC/T 484
《建筑窗用弹性密封胶》JC/T 485

《贴膜玻璃》JC 846
《中空玻璃用丁基热熔密封胶》JC/T 914
《中空玻璃间隔条 第1部分：铝间隔条》JC/T 2069
《中空玻璃生产技术规程》JC/T 2071
《超白浮法玻璃》JC/T 2128
《中空玻璃间隔条 第3部分：暖边间隔条》JC/T 2453
《建筑门窗复合密封条》JG/T 386
《建筑门窗幕墙用钢化玻璃》JG/T 455
《建筑门窗幕墙用中空玻璃弹性密封胶》JG/T 471
《建筑幕墙用硅酮结构密封胶》JG/T 475

中华人民共和国工程建设地方标准

贴膜中空玻璃应用技术规程

DBJ 52/T 094-2024

条文说明

修 订 说 明

建筑门窗和玻璃幕墙的大面积使用，带来了众多隐患，其玻璃破碎后高空坠落伤人损物便是其一。无论何种形态的玻璃碎片，从建筑（特别是高层建筑）上散落而下，都是危险的甚至是致命的。所以，玻璃不破坏或破碎后不散落都成为影响幕墙和外门窗玻璃安全的重要因素。

贴膜中空玻璃是我省历时多年自主研发的新型建筑玻璃产品。自2010年以来，研发课题组开展了玻璃幕墙和建筑外门窗用贴膜中空玻璃的开发与应用研究，收集、整理、分析研究了国内外相关标准和技术资料，确定了研发的主要技术内容、产品的核心技术指标以及试验方法，完成了功能膜力学性能、耐老化性能、硅酮结构胶与功能膜粘结强度、拉伸强度、抗风压性能等主要性能的验证，并完成贴膜中空玻璃尺寸偏差、外观质量、露点、耐紫外线辐照性能、水气密封耐久性能、传热系数、光学性能等指标的检测，使产品达到了绿色建材节约资源、降耗减排、便利、安全、可循环的要求。

贴膜中空玻璃加工工艺流程简单、方便、高效，通过在玻璃深加工环节粘贴安全功能膜的方法增强了玻璃的防飞溅安全性能，同时改变了玻璃的光学和热工性能。产品具有防冲击、防飞溅、防坠落、质量轻的特点，可最大程度减轻门窗和幕墙玻璃破碎后"不定时"飞散坠落而造成的生命财产损失。

贴膜中空玻璃于2013年通过省科技厅鉴定，鉴定成果为国内先进；2015年获省住房和城乡建设厅节能产品备案推广证，同年通过省经信委新材料、新技术鉴定；2016年被纳入贵州省绿色经济"四型"产业发展引导目录；2017年进入贵州省"十三五"新型建筑建材业发展规划；2020年成为贵州省住房城乡建设领域"十三五"推广应用产品，同年被列为省住房和城乡建设厅《关于加强建筑安全玻璃应用管理的通知》中防飞溅安全玻璃应用产品，2023年《贵州省工业领域碳达峰实施方案》和《贵州省建材行业碳达峰实施方案》将贴膜中空玻璃列为重点推广节能减排产品。

《贴膜中空玻璃应用技术规程》DBJ 52/T 094—2019自实施以来，在产业化生产及示范方面取得了非常好的效果。编制组结合以往课题和2021年开展的《建筑中空玻璃用功能膜多样化产品的开发应用研究与示范》课题研究成果，通过对贴膜中空玻璃按《建筑用安全玻璃 第3部分 夹层玻璃》GB 15763.3进行霰弹袋冲击性能试验，确定了双片贴膜中空玻璃应用于易受人体冲击部位的验证；四边支撑的4mm厚非钢化、半钢化贴膜中空玻璃用于建筑外窗的抗风压强度与挠度验证；同时也对粘贴不同功能膜的贴膜中空玻璃节能、采光性能进行了测试研究，明确了适用于我省不同气候区贴膜中空玻璃的应用分类。根据验证结果和历次研究成果，在综合分析试验数据、研究相关标准、资料及数据基础上，确定了此次规程修订的主要技术内容、产品技术指标和验收方法。本次修订内容经贵州省住房和城乡建设厅组织有关专家评审，获得一致通过。

贴膜中空玻璃用于建筑门窗和玻璃幕墙不仅具有显著的安全、节能效果，而且在工业化生产制造过程中降低能耗、减少碳排放的效果也非常可观，对严格贯彻执行《贵州省工业领域碳达峰实施方案》和《贵州省建材行业碳达峰实施方案》，实现"双碳"目标，促进我省玻璃行业节能减排措施落地，加强建筑门窗及玻璃幕墙安全，具有重要意义。

为便于广大设计、施工、科研、学校等单位的有关人员在使用本规程时能正确理解和执行条文规定，《贴膜中空玻璃应用技术规程》编制组按章、节、条顺序编制了本规程的条文说明，对条文规定的目的、依据以及执行中需要注意的有关事项进行说明。但是，本条文说明不具备与规程正文同等的法律效力，仅供使用者作为理解和把握条文规定的参考。

目　　次

1 总则 …………………………………………………… 66
2 术语 …………………………………………………… 68
3 基本规定 ……………………………………………… 69
4 材料 …………………………………………………… 72
　4.1 一般规定 ………………………………………… 72
　4.2 贴膜中空玻璃 …………………………………… 72
　4.3 安装材料 ………………………………………… 74
5 贴膜中空玻璃用材与构造 …………………………… 76
　5.1 原片 ……………………………………………… 76
　5.2 功能膜 …………………………………………… 79
　5.3 边部密封材料 …………………………………… 80
　5.4 空腔层及其他材料 ……………………………… 82
6 分类与命名 …………………………………………… 84
　6.2 命名规则与示例 ………………………………… 84
7 选用设计 ……………………………………………… 85
　7.1 一般规定 ………………………………………… 85
　7.2 类型选择 ………………………………………… 86
　7.3 防人体冲击规定 ………………………………… 87
8 加工制作 ……………………………………………… 89
　8.1 一般规定 ………………………………………… 89
　8.2 原材料要求 ……………………………………… 89
　8.3 加工工艺及要求 ………………………………… 90
　8.4 检验出厂 ………………………………………… 91
9 安装施工 ……………………………………………… 93

10 工程验收 ………………………………………… 95
  10.1 一般规定 ………………………………………… 95
  10.2 主控项目 ………………………………………… 97
  10.3 一般项目 ………………………………………… 98

1 总 则

1.0.1 贴膜中空玻璃作为我省自主研发的新型玻璃建材产品，具有节约资源、节能降碳、增强安全的显著特点，近年来已逐渐在省内工程建设领域得到广泛应用。为使贴膜中空玻璃的性能要求、材料选用、设计选型、生产制作、安装施工和工程验收等有章可循，使其应用做到技术先进、经济合理、安全适用、确保质量，制定本规程。

本规程自 2019 年发布实施以来，在大量的应用中积累了宝贵的经验，同时产品的研发也取得了很大的进展。省住建厅于 2020 年发布实施的《关于加强建筑安全玻璃应用管理的通知》（黔建科通〔2020〕76 号），对贴膜中空玻璃的应用提出了更加全面和严格的要求，为进一步规范贴膜中空玻璃在建筑工程中的应用，修订本规程。

1.0.2 本规程从三方面对贴膜中空玻璃的适用范围加以限定。

一是贴膜中空玻璃在建筑中适用的部位。贴膜中空玻璃最为突出的特点在于通过调节外围护体玻璃的光学热工性能来实现建筑节能以及防止外门窗和幕墙玻璃破碎后高空坠落来提升建筑安全性能，故规定贴膜中空玻璃适合作为建筑外立面门窗和玻璃幕墙的玻璃面板使用，但不适合作为屋面玻璃和地板玻璃使用。

二是适用于本规程的产品形状类别。受玻璃贴膜技术限制，目前曲面玻璃只能手工贴膜，无法满足贴膜中空玻璃的规模化生产和质量要求，故只有平面型贴膜中空玻璃适用本规程。

三是产品应用的适用阶段。为使贴膜中空玻璃应用的各个阶段均能规范并相互协调，本规程对产品的选材、设计、加工、安装及验收均做了相应的规定。

1.0.3 国家和行业现行工程建设标准以及产品标准中对建筑外

围护体门窗和玻璃幕墙的选材、设计、加工、安装、验收以及抗震、抗风压、防热炸裂、活荷载、防人体冲击安全性、热工、光学性能等均有严格要求，省住房和城乡建设厅《关于加强建筑安全玻璃应用管理的通知》（黔建科通〔2020〕76号）中对贴膜中空玻璃的应用和防飞溅性能也有相应的规定，所以贴膜中空玻璃的应用既要执行本规程的规定，也要符合现行国家、行业以及贵州省有关规范性文件的要求。

2 术 语

2.0.1 在中空玻璃内部粘贴功能膜，可以最大程度降低外部环境对功能膜使用寿命的影响，使功能膜使用年限与中空玻璃使用年限达到一致。而中空玻璃外表面贴膜的耐久性、耐腐蚀性、耐磨性均达不到与中空玻璃同寿命的要求，故不属于贴膜中空玻璃的范畴。

2.0.2 功能膜需具备防止玻璃破碎后飞溅的基本功能，这是功能膜基于安全因素的底线，是必须达到的要求，在此基础上功能膜改变玻璃光学热工性能的功能对实现建筑节能、提升建筑采光舒适度、避免有害反射光污染同样具有重要意义。

2.0.7 太阳能总透射比（g）也可称为太阳得热系数、太阳光总透射比、太阳辐射总透射比或阳光因子。需要说明的是，本规程中太阳能总透射比是指玻璃的太阳能总透射比，可理解为玻璃的太阳得热系数；而现行国家标准《建筑节能与可再生能源利用通用规范》GB 55015 和《公共建筑节能设计标准》GB 50189 中透光围护结构（门窗和玻璃幕墙）的太阳得热系数（$SHGC$）是指包括边框在内的门窗和玻璃幕墙的太阳得热系数，两者是有所不同的。

2.0.24 核查内容包括：对技术资料的完整性、内容的正确性、与其他相关资料的一致性及整理归档情况等的检查，以及将技术资料中的技术参数等与相应的产品实物进行核对、确认。

2.0.25 质量证明文件通常包括出厂合格证、中文说明书、型式检验报告、出厂检验报告、相关性能检测报告等能证明其质量状况的文件，进口产品应包括出入境商检合格证和海关报关单。

2.0.26 型式检验报告通常在产品定型鉴定、正常生产期间规定时间内、出厂检验结果与上次型式检验结果有较大差异、材料及工艺参数改变、停产后恢复生产或有型式检验要求时进行。

3 基本规定

3.0.1 本条列举的国家现行产品标准中对外门窗和幕墙所用玻璃的外观、材料、尺寸、性能、装配质量均有明确的规定和要求，贴膜中空玻璃要符合这些标准的相关规定和要求。

3.0.2 作用在建筑外立面贴膜中空玻璃上的荷载主要是风荷载，用于倾斜式门窗和玻璃幕墙时，还可能承受永久荷载、雪荷载、雨水荷载、施工荷载等。地震作用等短期均布荷载作用与风荷载相近，可按风荷载设计。上述荷载和地震作用及其效应组合按本条所列举标准的有关规定执行。

3.0.3 根据现行行业标准《建筑玻璃应用技术规程》JGJ 113 的规定，中空玻璃的强度设计值按其原片的玻璃强度设计值取值，而原片的玻璃强度与玻璃种类（非钢化、半钢化、钢化）、玻璃厚度、受荷载部位及方向（中部、边缘、端面）、荷载类型（长期、短期）等因素均有关系。在设计时，要结合上述因素对原片的玻璃强度设计值进行计算。

3.0.4 根据现行行业标准《玻璃幕墙工程技术规范》JGJ 102 的规定，中空玻璃的最大挠度按外侧原片和内侧原片各自分配的风荷载分别计算，原片在荷载按标准组合作用下产生的最大挠度值不得大于其挠度限值。

3.0.5 贴膜中空玻璃在风荷载作用下的受力状态与中空玻璃类似，故抗风压设计按中空玻璃的受力状态进行计算。

3.0.6 功能膜能改变玻璃热工性能的主要原因是对太阳红外热辐射的阻挡，原理为反射或吸收太阳红外热辐射。因此，贴膜后原片的温度较未贴膜时要高，设计时应考虑贴膜中空玻璃的热应力计算，计算方法和防热炸裂措施按现行行业标准《建筑玻璃应用技术规程》JGJ 113 中"建筑玻璃防热炸裂设计与措施"的有关规定执行。需要说明的是，按现行行业标准《建筑玻璃应用技术规程》JGJ 113 的规定，原片为半钢化或钢化玻璃时可不做防热炸裂设计。

3.0.7 国家现行建筑节能标准对外门窗和玻璃幕墙的节能性能均有明确的规定和要求，主要体现在以下两方面：一是以传热系数（K 值）和太阳得热系数（$SHGC$）为指标的热工性能；二是以玻璃的可见光透射比为指标的采光性能。外窗和幕墙玻璃的可见光透射比影响室内天然采光效果和人工照明能耗，一味追求较低的太阳得热系数而降低玻璃的可见光透射比，反会造成人工照明能耗增加而导致建筑能耗上升。

3.0.8 本条所指的采光性能包括幕墙玻璃的可见光反射比、门窗和玻璃幕墙的透光折减系数和颜色透射指数。国家标准《玻璃幕墙光热性能》GB/T 18091—2015 第 4.2 条规定了幕墙玻璃应提供可见光反射比和颜色透射指数，该标准同时还规定了部分场所玻璃幕墙的可见光反射比要求。国家标准《建筑采光设计标准》GB 50033—2013 第 7.0.3 条规定了采光窗的透光折减系数要求。此外，国家标准《建筑环境通用规范》GB 55016—2021 第 3.2.7 条对采光窗颜色透射指数也有强制性规定，在贴膜中空玻璃的应用中要注意符合这些规定的要求。

3.0.9 现行国家标准《建筑设计防火规范》GB 50016 中对建筑防火玻璃墙、外保温墙体上的门窗、住宅避难间的外窗等都有耐火完整性要求。当贴膜中空玻璃用于这些部位的门窗和玻璃幕墙时，要注意满足相应的耐火完整性要求。

3.0.10 用于隐框窗和半隐框、隐框玻璃幕墙以及单元式玻璃幕墙的贴膜中空玻璃，在原材料选用、设计、加工制作、安装过程中均会使用硅酮结构密封胶。现行行业标准《玻璃幕墙工程技术规范》JGJ 102 对硅酮结构密封胶的粘结宽度及厚度、打胶环境及方法以及结构密封胶相容性、邵氏硬度、粘结性能等均有严格规定，应用时要按现行行业标准《玻璃幕墙工程技术规范》JGJ 102 的有关规定严格执行。

3.0.11 本省大部分地区冬季空气十分潮湿，室内相对湿度较高，建筑外围护体室内一侧的表面极易结露，所以有必要对贴膜中空玻璃的室内侧表面进行冬季结露判定。判定时要重点对贴膜中空玻璃的边缘进行结露点计算校核。行业标准《建筑玻璃应用技术规程》JGJ 113—2015 的附录 B 也规定了对玻璃结露点的计算方法，设计时也可参考该标准的方法进行计算。

3.0.12 材料是保障建筑工程质量的物质基础，凡设计有要求的应符合设计要求，同时也要符合国家有关产品质量标准的规定，即对材料的质量进行"双控"。对于国家明令禁止或淘汰以及检验不合格或超出使用有效期的材料，在贴膜中空玻璃的设计、选材、加工制作和安装中均不能使用。

本条提出的设计要求，是指工程的设计要求，而不是材料生产企业对材料的设计要求。

3.0.13 通过粘贴功能膜可以防止玻璃破碎后从高空坠落造成生命财产损失，但并非保证破碎玻璃安全的彻底措施。因此，在发现贴膜中空玻璃破碎时，要立即采取安全隔离措施，并及时进行更换。

4 材 料

4.1 一般规定

4.1.1 门窗和玻璃幕墙工程中涉及材料众多,就贴膜中空玻璃安装而言,除玻璃自身而外,还包括密封胶、密封条、支承块、定位块、止动片、幕墙玻璃托条及玻璃压条等安装材料。首先,贴膜中空玻璃的防飞溅安全性能和光热性能要满足设计要求;其次,安装材料多为化工类产品,其安全、耐久、环保性能会影响到门窗和玻璃幕墙的安装质量和使用年限,这些材料也要满足设计要求并符合国家现行相关产品标准的规定。

对于设计未提出要求或尚无国家和行业标准的材料,则要符合本规程或材料生产企业产品标准的规定,并得到设计、监理、建设单位的认可。

4.1.2 质量证明文件可以证明材料的性能和质量状况,是需要随同材料一并提供的技术资料。条文中只列举了部分文件内容,工程应用中要根据实际情况,按本规程有关章节的规定提供相应的质量证明文件。

4.2 贴膜中空玻璃

4.2.1~4.2.3 目前,贴膜中空玻璃尚无国家和行业产品标准,鉴于其同时具有中空玻璃良好的热工性能和贴膜玻璃防飞溅的安全特性,本规程参考国家现行标准《中空玻璃》GB/T 11944 和《贴膜玻璃》JC 846 的有关规定,制定贴膜中空玻璃的性能、外观质量和尺寸允许偏差指标要求。

关于贴膜中空玻璃的指标要求有以下几点需要说明:

1 露点温度是指贴膜中空玻璃空腔内出现结露现象的温度,而非玻璃外表面的结露温度。此处要注意区别。贴膜中空玻璃的使用寿命由边部密封质量决定,采用露点温度测试可对产品的密封性能进行判定,露点温度测试不满足要求的产品可视为不合格产品。

2 防飞溅性能通过双轮胎冲击试验进行判定。单片贴膜中空玻璃仅对外侧原片进行试验,以外侧原片的非贴膜面是否能达到双轮胎冲击性能Ⅰ级作为合格判定依据。双片贴膜中空玻璃的内侧、外侧原片均须做双轮胎冲击试验,以两片原片的非贴膜面是否均能达到双轮胎冲击性能Ⅰ级作为合格判定依据。抗冲击性能、粘接强度耐久性能同样要遵循以上原则进行合格判定。

3 贴膜质量是指功能膜的粘贴质量,并非指功能膜自身的质量,功能膜质量由贴膜中空玻璃加工厂在贴膜前对其进行检测,要注意两者的不同。

4 国家标准《中空玻璃》GB/T 11944—2012 规定内道密封胶粘结宽度不应小于 3mm,外道密封胶粘结宽度不应小于 5mm。新修订尚未颁布的国家标准《中空玻璃》GB/T 11944 拟将外道密封胶的最小粘结宽度修改为 7mm,因外道密封胶是保证贴膜中空玻璃寿命的关键材料,故规定其最小粘结宽度为 7mm。

4.2.4 本条所指的节能性能包括贴膜中空玻璃的传热系数、太阳能总透射比和可见光透射比。传热系数建议按现行国家标准《中空玻璃稳态 U 值(传热系数)的计算及测定》GB/T 22476 进行检测和计算,也可按国家现行标准《建筑玻璃 可见光透射比、太阳光直接透射比、太阳能总透射比、紫外线透射比及有关窗玻璃参数的测定》GB/T 2680、《建筑门窗玻璃幕墙热工计算规程》JGJ/T 151 或《建筑玻璃应用技术规程》JGJ 113 的有关规定进行计算。采用不同方法计算时要注意计算边界条件取值的一致性。

贴膜中空玻璃与不同边框组合形成的整窗或玻璃幕墙,其传热系数和太阳得热系数需按国家现行标准《民用建筑热工设计规范》GB 50176 或《建筑门窗玻璃幕墙热工计算规程》JGJ/T 151 的有关规定进行计算。

采光性能指可见光反射比，控制可见光反射比主要是为了避免玻璃的有害反射光对周边环境造成光污染，故只需对贴膜中空玻璃的室外侧进行可见光反射比检测。

为简便常用贴膜中空玻璃节能、采光性能计算，本规程附录A和附录B分别给出了常用贴膜中空玻璃及其整窗或玻璃幕墙的光学、热工性能参数，供设计时参考。

4.3 安装材料

4.3.1 安装用密封材料包括密封胶和密封条两类。不同类型的门窗和玻璃幕墙在安装时对密封材料的选择不尽相同。本条所列举的国家或行业现行标准中均有对玻璃安装材料的选用规定，在选用安装材料时要符合相应规定的要求。

4.3.2 玻璃安装材料如果与相关材料彼此不相容，可能造成材料的变性，使安装材料失效。比如硅酮结构胶在使用前就要与玻璃、边框型材、支承块、定位块以及其他密封胶（如：玻璃间的耐候密封胶、贴膜中空玻璃外道密封胶等）进行相容性实验，如果结构胶与其他材料不相容，将会导致结构胶粘结强度和性能的下降或丧失，留下很大的安全隐患。

4.3.3 采用密封胶安装玻璃时，密封胶的强度、耐老化性（耐久性）、耐火性能以及粘结性能等都十分重要，国家或行业相应产品标准中对密封胶的质量、性能均有明确规定，选用的密封胶要符合这些产品标准的有关规定。

酸性硅酮密封胶固化时放出醋酸，会与贴膜中空玻璃边部中性硅酮密封胶中的碳酸钙发生反应，所以玻璃安装要采用中性硅酮密封胶。

用于耐火型门窗的阻燃密封胶，其耐火完整性时间要达到现行国家标准《防火封堵材料》GB 23864 规定的不小于 1.0h。

4.3.4 密封条依靠自身弹性在槽内起密封作用，所以密封条要具有耐紫外线、耐老化、永久变形小、耐污染等特性。如果材质控制不严，密封条在几年内就会出现质量问题（如：老化、开裂或脱落），使门窗或玻璃幕墙产生漏水、透气等严重问题，甚至有玻璃脱落的危险。因此，不合格的密封条绝对不允许使用。采用密封条作安装材料时，建议选用硫化橡胶类密封条，特别是耐候性好、永久变形小的硅橡胶作密封条。

4.3.5 支承块位于玻璃底部，起支承玻璃的作用。定位块用于玻璃边缘与边框槽口之间，能避免玻璃与槽口直接接触，使玻璃在槽口中定位正确并防止其在槽口内滑动。弹性止动片可以保证玻璃在水平荷载作用下不与边框直接接触。使用密封胶安装时要使用弹性止动片，使用密封条安装时可不使用弹性止动片，因为密封条已起到弹性止动片的作用。

隐框玻璃幕墙结构中，玻璃板块采用硅酮结构密封胶与附框粘结，但硅酮结构密封胶承受永久荷载的能力很低，不仅强度设计值f_2仅为$0.01N/mm^2$，而且有明显的变形，因此设计时要求隐框玻璃底部要有2个金属托条承受玻璃板块重力。

上述安装材料对玻璃的安装和密封材料的耐久性有一定的影响，故本条规定这些材料的材质、性能和规格尺寸要符合相关标准的规定。需要注意的是，行业标准《塑料门窗工程技术规程》JGJ 103—2008中第3.1.8条规定用于塑料门窗安装的支承块不得使用硫化再生橡胶，因为硫化再生橡胶会与PVC型材发生有害化学反应，使型材变色、降解。

5 贴膜中空玻璃用材与构造

5.1 原 片

5.1.1 平板玻璃、超白浮法玻璃、半钢化玻璃、钢化玻璃、均质钢化玻璃、单片防火玻璃等表面平整的玻璃均可作为贴膜中空玻璃的原片。

超白浮法玻璃是具有高可见光透射比（可达90%以上）的平板玻璃，就力学性能而言，超白浮法玻璃与一般平板玻璃均属于普通玻璃。半钢化玻璃的强度约为平板玻璃的2倍，但碎片形态与平板玻璃的碎片形态类似，半钢化玻璃的突出优点是不会自爆。钢化玻璃的强度一般可达平板玻璃强度的3倍以上，韧性较平板玻璃有极大的提升，抗冲击强度可达平板玻璃的4~5倍；且钢化玻璃碎片为钝角小颗粒，一般对人体不产生切割伤害，但钢化玻璃存在"不定时"自爆问题，且自爆率较高。钢化玻璃经二次热处理后形成的均质钢化玻璃虽然自爆率有所降低，但仍存在自爆问题。

现行国家标准《建筑用安全玻璃 第1部分：防火玻璃》GB 15763.1将防火玻璃按玻璃结构分为复合防火玻璃和单片防火玻璃。

1 复合防火玻璃是由两层或两层以上玻璃与耐火胶复合而成，并满足相应耐火性能要求的特种玻璃制品。采用灌浆法或用其他防火胶填充在玻璃之间所形成的复合防火玻璃，在高于60℃以上的环境或长期受紫外线照射后容易失效，因此不建议采用此类复合防火玻璃作原片。

2 单片防火玻璃是满足相应耐火性能要求的特种玻璃，用于加工单片防火玻璃的原料玻璃一般为钢化玻璃。采用化学和物理方法加工的单片防火玻璃，性能稳定、透光率强，在高温火焰下一定时间内不破裂融化，可作为贴膜中空玻璃的原片使用。采用喷涂法的单片铯钾防火玻璃随着时间的推移，耐火性能会逐步弱化，这类玻璃不能作为原片使用。

5.1.2、5.1.3 原片的外观、色彩、形状是建筑外立面的造型元素，而其玻璃种类和规格尺寸也要满足外围护结构的受力要求，在设计时要注意建筑与结构的统一协调。

有色贴膜中空玻璃可由着色原片或无色原片粘贴有色功能膜两种方式进行加工制作，无论采用何种方式，均要以原片粘贴功能膜后的实际色彩为准。

参考现行行业标准《建筑玻璃膜应用技术规程》JGJ/T 351的相关数据和结论，原片受正压时，贴膜对原片强度无影响；受负压时，贴膜对原片的表面应力略有增强。考虑到贴膜对玻璃增强作用影响很小，且门窗和玻璃幕墙均要求有相应结构设计计算，因此，抗风压设计时，贴膜的作用可不予考虑。

5.1.4 按现行国家标准《防火窗》GB 16809 和《防火门》GB 12955 对防火门窗的耐火性能分类，防火窗分为隔热防火窗（A类）和非隔热防火窗（C类）；防火门分为隔热防火门（A类）、部分隔热防火门（B类）和非隔热防火门（C类）。隔热防火门窗（甲级、乙级防火门窗、丙级防火门）在规定时间内，能同时满足耐火隔热性和耐火完整性要求，而非隔热防火窗（耐火型门窗）在规定时间内，只能满足耐火完整性要求。

防火门窗所采用的防火玻璃，其耐火性能要与防火门窗的耐火性能一致。现行国家标准《建筑用安全玻璃 第1部分：防火玻璃》GB 15763.1 将防火玻璃按耐火性能分为隔热型（A类）和非隔热型（C类）两类，隔热型可同时满足耐火完整性和耐火隔热性要求，非隔热型仅能满足耐火完整性要求。就目前国内防火玻璃产品而言，复合防火玻璃可满足隔热型防火玻璃要求，而单片防火玻璃仅能满足非隔热型防火玻璃要求。基于原片一般不采用复合防火玻璃的原因，规定贴膜中空玻璃不宜作为隔热型防火玻璃使用，也就意味着贴膜中空玻璃一般不能作为甲、乙级防火门窗和丙级防火门的玻璃使用。单片防火玻璃的耐火完整性时间可达1.5h，可满足非隔热型防火玻璃的要求，因此，由单片防火玻璃形成的贴膜中空玻璃可用于耐火型门窗。

现行国家标准《建筑设计防火规范》GB 50016对建筑一些部位的门窗和玻璃幕墙之所以有耐火完整性要求，是因为这些部位要防止火焰通过门窗和玻璃幕墙从室外蔓延至室内，外侧原片如果是非防火玻璃，会很快在高温下破碎，使贴膜中空玻璃失去完整性，进而导致贴膜中空玻璃与边框脱离，使整个门窗丧失耐火完整性，所以单片防火玻璃要作为外侧原片使用。

5.1.5 本条依据国家和行业现行有关标准的规定对原片的玻璃种类和厚度提出了选用要求。

1 国家现行标准和规范性文件中对建筑安全玻璃的使用均有明确要求，这些标准和规范性文件包括但不限于：《建筑安全玻璃管理规定》发改运行〔2003〕2116号、《建筑玻璃应用技术规程》JGJ 113、《玻璃幕墙工程技术规范》JGJ 102、《民用建筑通用规范》GB 55031、《建筑防火通用规范》GB 55037等。当贴膜中空玻璃用于这些要求使用安全玻璃的部位（如：防冲击部位、消防救援部位等）时，其选用的原片应为符合相应规定的安全玻璃，不能用非安全玻璃粘贴功能膜替代安全玻璃使用。平板玻璃、超白浮法玻璃、半钢化玻璃均不属于安全玻璃，设计时要注意加以区别。

2 目前很多建筑外立面设计中玻璃板面尺寸都比较大，所以贴膜中空玻璃的原片不能太薄，4mm是外围护体玻璃的最小极限厚度。原片厚度不建议超过12mm，是因为功能膜在超过12mm厚玻璃上的防飞溅性能会有所降低。

3 贴膜中空玻璃的两侧原片是共同受力的，如果原片的玻璃种类不同或厚度相差太大，则原片受力大小会过于悬殊，容易因受力不均匀而破裂。

4 平板玻璃由于存在着肉眼不易看见的硫化镍结石，在钢化后这种结石会随着时间的推移发生晶态变化而可能导致钢化玻璃自爆。为了减少这种自爆，宜对用于玻璃幕墙的钢化玻璃进行均质处理，通常也称为二次热处理或引爆处理。

5.2 功 能 膜

5.2.1 功能膜按能否调节玻璃光学热工性能分为 a 类功能膜和 b 类功能膜两类。a 类功能膜既能调节玻璃光学热工性能又可防止玻璃破碎后飞溅，而 b 类功能膜仅能防止玻璃破碎后飞溅。a 类功能膜按辐射率控制原理又分为阳光控制型和隔热型两类。

5.2.2 本条对功能膜的粘贴位置提出了严格的限定要求。功能膜只有粘贴在外侧原片，才能起到防止外侧原片破碎后高空坠落的作用，所以外侧原片粘贴功能膜是防飞溅的安全底线，需要严格遵守。

有实验数据表明，a 类功能膜位于外侧原片对抑制透过玻璃进入室内的太阳辐射得热效果最为明显。本省大部分地区属于温和地区和夏热冬冷地区，按现行国家标准《建筑节能与可再生能源利用通用规范》GB 55015 和《公共建筑节能设计标准》GB 50189 中透光围护结构热工性能的规定，对外窗和玻璃幕墙均有太阳得热系数（$SHGC$）的限值要求，外侧原片粘贴 a 类功能膜最有利于外窗和玻璃幕墙的夏季节能。所以就节能而言，无论单片、双片或三片贴膜中空玻璃，外侧原片均要粘贴 a 类功能膜。

5.2.3 按现行国家标准《建筑玻璃用功能膜》GB/T 29061 中的分类，建筑玻璃用功能膜可分为安全膜、隔热安全膜、隔热膜、装饰膜四类，其中安全膜和隔热安全膜又可分为防飞溅级和防穿透级两个级别。基于安全、适用、经济的原则，贴膜中空玻璃的功能膜要采用防飞溅级的安全膜和隔热安全膜。

5.2.4 本条参考现行行业标准《建筑玻璃膜应用技术规程》JGJ/T 351 的相关规定，提出了功能膜的最小厚度要求，并给出了与原片厚度、面积相对应的功能膜厚度值，属于构造控制措施。

考虑到功能膜主要是利用膜层本身的特性防止玻璃破碎后飞

溅坠落，因此功能膜本身的性能较为关键，对功能膜的最小厚度做出规定非常重要。设计时还需要考虑使用地区和使用部位的风压、外力冲击等因素合理确定功能膜厚度。

需要说明的是，现行国家标准《建筑玻璃用功能膜》GB/T 29061 中功能膜厚度单位为 mil（千分之一英寸），1mil 约等于 0.025mm，2mil、4mil、6mil 分别为：0.05mm、0.1mm、0.15mm。

5.2.5 传热系数是外窗和玻璃幕墙节能性能的重要指标，a 类功能膜具有改变玻璃热工性能的功能，其辐射率是得到贴膜中空玻璃传热系数的重要依据，所以有必要对 a 类功能膜的辐射率做出限定要求。

5.2.6 功能膜四边都与密封胶粘贴可大大提高贴膜中空玻璃的防飞溅性能。若一片功能膜无法完整贴覆原片，则会出现功能膜边部与贴膜中空玻璃边部密封胶无法完整粘贴的情况，这可能会导致贴膜中空玻璃的防飞溅性能有所下降，所以通常情况下功能膜不能拼接使用。

目前国内建筑玻璃用功能膜的最大幅宽一般约为 1.8m，当单片功能膜无法贴覆整片原片时，最多可将两片功能膜进行拼接粘贴，拼接处要重叠覆盖粘贴，以加强两片功能膜的整体性。

拼贴功能膜的防飞溅性能要经过残余抗风压强度试验验证。参考现行行业标准《建筑玻璃膜应用技术规程》JGJ/T 351 的有关规定，残余抗风压强度一般不小于围护结构风压设计标准值的 40%，且不小于 1kPa。试验时所采用的功能膜和贴膜中空玻璃边部密封材料及构造要与工程实际相一致，且要选取典型尺寸的玻璃板块进行试验。

当原片平面尺寸过大时，可调整外窗和玻璃幕墙的立面分格设计或采用其他类型的防飞溅玻璃（如夹层玻璃），以确保外窗和幕墙玻璃的防飞溅安全性能。

5.3 边部密封材料

5.3.1~5.3.3 边部密封材料对保持贴膜中空玻璃的水气和气体

密封性能以及结构稳定性能至关重要,所以按现行国家标准《中空玻璃》GB/T 11944 的规定,其边部要采用内、外双道密封结构。

仅使用粘结强度较高的硅酮胶、聚硫胶或聚氨酯胶作单道密封,气密性相对较差,水气容易进入空腔层,不适于单独使用;丁基热熔胶的密封性能优于硅酮胶、聚硫胶和聚氨酯胶,但粘结强度较低,也不适于单独使用。因此,贴膜中空玻璃要采用双道密封。用丁基热熔胶做内道密封,可弥补硅酮胶、聚硫胶和聚氨酯胶密封性能的不足;用硅酮胶、聚硫胶或聚氨酯胶做外道密封,可保证贴膜中空玻璃的粘结强度和结构稳定。国家标准《中空玻璃》GB/T 11944—2012 附录 B、附录 C 中对内、外道密封胶的粘结性能和水气渗透率均有明确的规定,选用密封胶时要符合这些规定的要求。

外道密封胶为聚硫胶或聚氨酯胶的贴膜中空玻璃,阳光长期照射胶体或胶体与玻璃的粘结界面时,会导致密封胶老化,发生开裂、粉化、脱胶或强度不足等问题。因此,隐框窗和隐框、半隐框及点支承幕墙用贴膜中空玻璃的外道密封胶应采用耐紫外线性能极好的硅酮结构胶。现行国家标准《建筑用硅酮结构密封胶》GB 16776 即将与《中空玻璃用硅酮结构密封胶》GB 24266 进行合并,成为新版的国家标准《建筑用硅酮结构密封胶》GB 16776,故也可满足《建筑用硅酮结构密封胶》GB 16776 的规定。酸性硅酮密封胶固化时放出醋酸,对功能膜的金属层会有腐蚀作用,所以不能使用酸性硅酮密封胶。

明框门窗和明框幕墙用贴膜中空玻璃的外道密封胶可采用聚硫胶、聚氨酯胶或硅酮胶。当明框幕墙玻璃板块较大或受温度变化影响较大时,为了保证外道密封的结构性能,可根据需要采用硅酮结构胶或粘结强度等力学性能符合要求的聚硫胶。

对于充气贴膜中空玻璃,由于硅酮密封胶阻隔惰性气体渗透性能不好,如采用硅酮密封胶做外道密封,惰性气体容易逃逸,导致贴膜中空玻璃保温性能下降。而聚硫胶阻隔惰性气体逃逸性能较好，因此充气贴膜中空玻璃的外道密封胶宜选用聚硫胶或充气中空玻璃专用硅酮结构胶。

目前市场中有的硅酮密封胶为降低成本，采用白油（液体石蜡）作为增塑剂来增加硅酮密封胶的光泽度和挤出速度，这种硅酮密封胶容易脆化开裂，并会溶解丁基密封胶和污染外立面，是不能使用的。

5.3.4 由于隐框窗和隐框、半隐框及点支承玻璃幕墙用贴膜中空玻璃的外侧原片靠硅酮结构胶承受荷载，所以外道硅酮结构胶的粘结宽度还要按行业标准《玻璃幕墙工程技术规范》JGJ 102—2003 第 5.6 节的规定通过结构计算确定，并符合粘结宽度范围要求。

原片与外道密封胶的粘结部位如果有功能膜，将会影响密封胶与原片的粘结强度，所以该部位不得粘贴功能膜。

5.4 空腔层及其他材料

5.4.1 贴膜中空玻璃的保温性能与空腔层厚度密切相关。空腔层过薄或过厚均会导致空腔层内气体流动使传热系数上升，降低贴膜中空玻璃的保温性能。试验证明空腔层厚度小于 15mm 时，贴膜中空玻璃的传热系数与空腔层厚度呈线性反比关系；空腔层厚度在 15mm～25mm 之间时，传热系数下降趋势变缓；空腔层厚度在 25mm～30mm 之间时，传热系数基本不随空腔层厚度的增加而变化；而当空腔层厚度大于 30mm 时，传热系数反而上升；说明并不是空腔层厚度越大越好。综合目前省内实际情况（生产成本及工艺等），规定贴膜中空玻璃空腔层的厚度宜为 9mm～18mm。

贴膜中空玻璃用于隐框窗和隐框、半隐框及点支承玻璃幕墙时，其外道密封胶要采用硅酮结构密封胶。按现行行业标准《玻璃幕墙工程技术规范》JGJ 102 的有关规定，硅酮结构密封胶的粘结厚度不应大于 12mm，故规定用于隐框窗和隐框、半隐框及点支承玻璃幕墙的贴膜中空玻璃，其单个空腔层厚度不应大于 12mm。

5.4.2 贴膜中空玻璃采用暖边间隔条后可降低门窗和玻璃幕墙 0.15 W/(m^2·K) 以上的综合传热系数，因此，在贴膜中空玻璃无法满足传热系数要求时，将间隔铝框改为暖边间隔条或中空玻璃用热塑性间隔密封胶是性价比较高的解决方案。

充气贴膜中空玻璃有气体密封耐久性能要求，间隔条要尽量少留接缝，且接缝处要做密闭处理。

5.4.3 4A 分子筛的呼吸作用可使空腔层膨胀或收缩而导致贴膜中空玻璃脱落或扭曲破碎，氯化钙、氧化钙类干燥剂的水合物对金属间隔框和丁基胶有腐蚀和破坏作用，上述干燥剂均会给贴膜中空玻璃的质量和安全带来巨大隐患，因此不能作为贴膜中空玻璃的干燥剂使用。

5.4.4 专用填充设备灌装干燥剂可以保证稳定的填充量，而手工灌装难以达到要求，会导致干燥剂吸附量不足。

6 分类与命名

6.2 命名规则与示例

6.2.1 组成贴膜中空玻璃的原片、功能膜、空腔层会随着设计要求的不同而产生变化，只有清晰、正确地标明名称才能准确表达设计意图，避免在加工制作、安装和验收中造成混淆。

7 选 用 设 计

7.1 一 般 规 定

7.1.1 在工程设计中，贴膜中空玻璃所选用的原片、功能膜、空腔层、间隔条等应结合建筑类别、建筑所在地域的地理气候环境条件、贴膜中空玻璃的使用部位、性能要求、受力情况等因素合理选用确定。

7.1.3 贴膜中空玻璃名称中包含了原片玻璃种类及厚度、功能膜类型和装贴位置、空腔层数量以及厚度和填充气体类型等参数，所以名称要标注清晰。省住房和城乡建设厅《关于加强建筑安全玻璃应用管理的通知》黔建科通〔2020〕76 号中明确规定："设计单位应当按照国家、省相关规定和技术标准选用建筑安全玻璃和防飞溅性能安全玻璃，按规定应使用安全玻璃和防飞溅性能安全玻璃的部位，应在设计文件中标明"，故本规程要求设计文件要标明贴膜中空玻璃的使用部位。

功能膜厚度按本规程第 5.2.4 条的规定进行设计。

传热系数、太阳能总透射比和可见光透射比是贴膜中空玻璃重要的节能性能指标，采用贴膜中空玻璃的整窗或玻璃幕墙，其传热系数和太阳得热系数是建筑透光围护结构热工性能设计的主要指标，建议在设计文件中均一并注明。若无法标明贴膜中空玻璃传热系数、太阳能总透射比设计值时，至少要注明门窗和玻璃幕墙的传热系数、太阳得热系数设计值。

透光折减系数和颜色透射指数是外窗和玻璃幕墙采光效率和采光质量的重要衡量指标，其数值与边框类型和门窗、玻璃幕墙分格尺寸相关，故对整窗或玻璃幕墙要标明设计要求。

耐火型门窗的耐火性能只需满足耐火完整性要求，故仅注明耐火完整性要求即可。

硅酮结构密封胶的粘结宽度要通过计算确定，并在设计文件中注明。

7.2 类型选择

7.2.1 当建筑外窗和玻璃幕墙的外开启扇开启时，开启扇的室内外两侧原片均有破碎飞溅坠落的风险；与水平面交角为75°~90°的倾斜式外窗，其室内外两侧玻璃破碎后均会造成比一般垂直外窗更为严重的危害；出入口、门厅是建筑中人流量集中的部位，全玻璃门的室内外两侧原片很容易受到撞击而破碎对人造成伤害。上述部位的贴膜中空玻璃要确保外侧和内侧原片破碎后均不能飞溅坠落，故需要采用双片贴膜中空玻璃。

对于倾斜式玻璃幕墙，按国家标准《民用建筑通用规范》GB 55031—2022 第6.2.8条5款规定，其玻璃面板应采用夹层玻璃，由于贴膜中空玻璃原片不采用夹层玻璃，故倾斜式玻璃幕墙不属于本条的范畴。

7.2.2 商业中心、商业综合体、交通枢纽、交通综合体、观演会堂建筑、文化活动中心、学生活动中心、体育场馆、文化体育活动中心等均属人流密集且人流量大的场所；建筑出入口、人员通道和建筑周边的道路广场也是人流量较大的部位。按省住房和城乡建设厅《关于加强建筑安全玻璃应用管理的通知》（黔建科通〔2020〕76号）中相关要求，落地窗以及上述场所和部位的幕墙玻璃应使用具有防飞溅性能的安全玻璃。单片钢化贴膜中空玻璃可防止外侧玻璃自爆后高空飞溅，是适用于落地窗和上述幕墙玻璃的。

落地窗和玻璃幕墙的底边距室内地面的高度低于室内防护高度，当受到室内人员挤压或冲撞时，容易造成贴膜中空玻璃的内侧原片破碎，即使内侧原片采用钢化玻璃，其破碎后产生的碎片颗粒仍可能造成一定的人员伤害和财产损失。所以建议在条件许可的情况下，上述既需要采用防飞溅安全玻璃又容易受到人体碰撞的部位选用双片钢化贴膜中空玻璃。

7.2.3 消防救援窗要易于破拆，且破拆后的玻璃碎片不能对救援人员产生伤害。编制组经过破拆对比试验表明：使用普通消防斧在十几秒内可将单片贴膜中空玻璃破拆完毕，而破拆双片贴膜中空玻璃的时间较长，选用单片贴膜中空玻璃可大大缩短消防救援窗的破拆时间。钢化玻璃的碎片为钝角小颗粒，一般对人体不产生切割伤害，原片采用钢化玻璃更有利于避免人员受到伤害。

7.2.4 常温下空气的导热系数是 0.024 W/(m·K)，氩气的导热系数是 0.016 W/(m·K)，充氩气的贴膜中空玻璃传热系数更低。双腔贴膜中空玻璃较单腔贴膜中空玻璃的传热系数小 0.3 W/(m^2·K)~0.6 W/(m^2·K)，保温性能更好。双腔充气贴膜中空玻璃的传热系数可低至约 1.1 W/(m^2·K)，能满足本省所有气候区透光围护体中玻璃传热系数的要求。

7.2.5 本条规定了4mm厚非钢化、半钢化贴膜中空玻璃采用四边支撑方式用于建筑门窗时的适用高度。地面粗糙度分类应符合国家标准《建筑结构荷载规范》GB 50009—2012 中第8章的规定。B类场地一般指房屋比较稀疏的乡镇区域，C类场地一般指房屋密集的城市市区。

7.3 防人体冲击规定

7.3.1 本条规定了用于建筑中易于受到人体冲击部位所使用的双片贴膜中空玻璃应满足的条件，不适用于安装在非人体冲击部位（如：普通窗的外开扇、普通倾斜式门窗等）的双片贴膜中空玻璃。建筑中易于受到人体冲击的部位可参考以下国家和行业标准的规定进行界定：《建筑用安全玻璃 第3部分：夹层玻璃》GB 15763.3—2009 附录A、《建筑玻璃应用技术规程》JGJ 113—2015 第7.2.1条等，在设计中尚要结合工程具体情况对易于受到人体冲击的部位进行合理判定。

  1 根据国家现行标准《民用建筑通用规范》GB 55031、《建筑玻璃应用技术规程》JGJ 113、《玻璃幕墙工程技术规范》JGJ 102 的有关要求，安装在全玻璃门、落地窗、玻璃幕墙等易于受到人体碰撞部位的玻璃面板均应采用安全玻璃。夹层玻璃本身具备防飞溅性能，通常无需粘贴功能膜，故规定玻璃需采用钢化玻璃。

2 我省4mm厚钢化玻璃的深加工技术尚不十分成熟，使用时要注意选择质量合格的产品，对不符合现行行业标准《建筑门窗幕墙用钢化玻璃》JG/T 455 要求的4mm厚钢化玻璃产品不得使用。

3 双片贴膜中空玻璃与夹层玻璃受到外力冲击后的破坏情况相似，其耐水平撞击性能指标按照夹层玻璃的霰弹袋冲击性能要求来进行判断会更为合理。现行国家标准《建筑用安全玻璃 第3部分：夹层玻璃》GB 15763.3 以霰弹袋冲击性能是否达到Ⅲ级或更高级别为安全夹层玻璃的判定标准，易受人体冲击部位的贴膜中空玻璃至少要满足Ⅲ类夹层玻璃的霰弹袋冲击性能要求，试验时取室内一侧作为受冲击面。

4 限制最大许用面积可以减少玻璃破碎时对人体产生的伤害，因此有必要限定其最大许用面积。

7.3.2 未经处理的玻璃边缘非常锋利，一般情况下，玻璃边缘均被包裹在框架槽中，人体接触不到，而暴露边是人体容易接触和划碰的，锋利的边缘会造成割伤，因此，暴露边应进行倒角、磨边等边部加工，以消除人体割伤的危险。

7.3.3 由于玻璃的透明性，容易使人产生错觉而产生碰撞行为，为避免人产生错觉，对于设有落地窗或落地玻璃幕墙的部位，需在视觉水平区间范围内设置明显的防撞提示标识或其他隔离措施。

8 加工制作

8.1 一般规定

8.1.1 贴膜中空玻璃的加工设备、环境、工艺等与中空玻璃基本相同。加工制作贴膜中空玻璃时,除贴膜工序外的其他要求应按现行行业标准《中空玻璃生产技术规程》JC/T 2071 的有关规定执行。

8.1.2 现行行业标准《玻璃幕墙工程质量检验标准》JGJ/T 139 第 2.4 节对幕墙玻璃的加工精度、外观质量、表面应力、边部加工质量以及中空玻璃的质量均有明确的要求,贴膜中空玻璃用作幕墙玻璃时要满足该规定的要求。

8.2 原材料要求

8.2.2 本条中所称的主要原材料是指原片、功能膜、边部密封材料。这些材料的质量与贴膜中空玻璃产品质量密切相关,经过质量管理体系和环境管理体系认证的企业,在产品制造过程中有完善的质量控制体系,其产品有较为可靠的质量保证,故建议选择这些企业的产品作为加工贴膜中空玻璃的原材料。

关于复验的说明:

1 为保证硅酮结构密封胶的性能符合标准要求,防止加工制作中使用假冒伪劣产品,根据现行行业标准《玻璃幕墙工程技术规范》JGJ 102 第 3.6.2 条规定,在硅酮结构密封胶使用前,要对其邵氏硬度和标准状态拉伸粘结性能进行复验,本条从其规定。

2 国家现行标准中有大量关于安全玻璃的使用规定,且大多数均为强制性条文,在工程应用中是必须严格执行的。钢化玻璃作为安全玻璃的一类,其外观与平板玻璃或半钢化玻璃并无明显区别，为杜绝平板玻璃和半钢化玻璃冒充顶替钢化玻璃的情况出现，有必要对钢化玻璃原片进行复验。玻璃的表面应力是确定玻璃钢化程度最直接的指标，按现行行业标准《建筑门窗幕墙用钢化玻璃》JG/T 455的有关规定，钢化玻璃的表面应力不应小于90MPa。

3 功能膜具有足够的厚度是保证贴膜中空玻璃防飞溅性能的重要措施之一，且贴膜后将无法检验其厚度，故贴膜前要对功能膜厚度进行复验。

8.3 加工工艺及要求

8.3.2 不同类型的原片或功能膜仅从外观上是不容易区分的，而原片与功能膜的组合又是灵活多变的，若贴膜前不对他们的类型、颜色、规格尺寸与设计文件和样板的一致性进行查验，将很有可能造成功能膜错贴，导致产品性能与设计意图不符。

拼接粘贴的功能膜在同一片玻璃中相互搭接，若存在明显色差，将会影响贴膜中空玻璃的美观度，故要保证颜色一致。功能膜的色差要求和测试方法可参照现行国家标准《建筑玻璃用功能膜》GB/T 29061中有关颜色均匀性的规定执行。

8.3.3 本条对贴膜中空玻璃有别于中空玻璃的加工工艺流程作出了规定。

玻璃贴膜工艺分为干贴法和湿贴法两类。在原片和功能膜表面喷洒清洁安装液进行贴膜的湿贴法工艺，需要挤压原片与功能膜之间残留的液体，一旦挤压不完全，很容易形成气泡、脱胶、褶皱等贴膜质量缺陷，因此不能采用湿贴法工艺。

对贴膜质量和功能膜拼接粘贴质量进行检验，是贴膜中空玻璃加工制作中重要的环节，它与产品的最终质量密切相关，所以原片贴膜后要对贴膜质量进行检验。

外道密封胶是贴膜中空玻璃结构稳定的重要保证。因为功能膜与原片的粘结力远小于密封胶与原片的粘结力，若不对其进行修边或修边尺寸不满足外道密封胶粘结宽度要求，将会导致密封胶与原片间的粘结力不足，极有可能造成原片脱落产生安全事故，所以本条特别强调功能膜的修边宽度要满足外道密封胶的粘结宽度要求。

8.3.4 为保证硅酮结构胶的封胶质量，本规程特别规定了在封胶前对硅酮结构胶的检验要求以及封胶环境和封胶宽度的要求。对硅酮结构胶的相容性、粘结性、混合均匀性和适用期检验一定要按现行行业标准《中空玻璃生产技术规程》JC/T 2071 的规定在封胶前进行。硅酮结构胶的封胶环境要清洁、干燥、通风良好，温度不宜低于15℃，也不宜高于27℃，相对湿度不宜低于50%。封胶宽度的要求在本规程其他章节已有相应的规定和解释，此处不再赘述。

8.3.5 现行国家标准《建筑幕墙》GB/T 21086—2007 第 6.2.1 条、第 11.4.1 条以及《玻璃幕墙工程技术规范》JGJ 102—2003 第 3.4.4 条、第 9.4.4 条对幕墙玻璃边缘和开孔的加工处理均有明确的规定，贴膜中空玻璃要满足这些规定的要求。

根据现行行业标准《玻璃幕墙工程技术规范》JGJ 102—2003 第 8.1.4 条的规定，点支承玻璃为中空玻璃时，支承孔周边应采取多道密封措施。孔洞周边的密封构造与贴膜中空玻璃的边部密封构造相同，故要满足本规程第 5.3.4 条的要求。

8.3.6 当贴膜中空玻璃的制作地与使用地海拔高度相差超过 800m 时（两地大气压差约 10%），贴膜中空玻璃空腔内的气压与其外部气压会有较大不同，空腔层由于压力作用将向外膨胀或内凹，不仅给两侧原片带来应力，同时还影响外表面反射影像。因此，海拔高度相差较大的异地加工制作的贴膜中空玻璃，在运输、安装前宜加装均压管以平衡空腔内部与环境之间的气压，安装完成压力平衡后，再将均压管作密封处理。

8.4 检验出厂

8.4.2 贴膜中空玻璃属于建筑外围护体中涉及节能工程的产品，需要满足国家标准《建筑节能工程施工质量验收标准》GB

50411—2019 第 3.2.5 条的规定要求，对该条中"相关单位应提供型式检验报告"的要求，因贴膜中空玻璃的加工制作企业是产品质量的责任者，故规定型式检验报告由加工制作企业提供。

对于空腔层填充空气的贴膜中空玻璃，其型式检验报告中不包括初始气体含量和气体密封耐久性能检验，故充气贴膜中空玻璃和非充气贴膜中空玻璃要分别出具型式检验报告。

现行行业标准《贴膜玻璃》JC 846 中明确了贴膜玻璃正常生产满 1 年应进行型式检验，考虑到型式检验与其他标准的一致性以及检验的难度、时间、费用等情况，本规程参考国家标准《建筑节能工程施工质量验收标准》GB 50411—2019 第 3.2.5 条的规定，将贴膜中空玻璃的型式检验周期定为 2 年，这与国家标准《铝合金门窗》GB/T 8478—2020 第 7.3.1 条、《建筑幕墙》GB/T 21086—2007 第 15.3.1 条的规定也是相一致的。

8.4.3 本规程参考国家标准《中空玻璃》GB/T 11944—2012 的有关规定明确了贴膜中空玻璃的出厂检验内容。在符合国家现行标准和本规程有关规定并满足设计要求的前提下，特殊规格或有特殊要求的产品可由供需双方商定产品交付标准。

8.4.4 检验项目的组批和抽样按本规程表 4.2.1～表 4.2.3 中检验项目的试验方法所对应的国家标准执行。耐紫外线辐照性能检验的组批与抽样按现行国家标准《中空玻璃》GB/T 11944 的规定执行，功能膜拼接质量检验的组批与抽样按现行行业标准《贴膜玻璃》JC 846 执行。

8.4.5 仅凭肉眼不易识别贴膜中空玻璃的室外面和室内面，安装时内外装反的情况时有发生。为方便安装施工，贴膜中空玻璃出厂前，要清晰明显地标记内外安装方向。在室内一侧表面作标记可便于安装完成后对其进行清除。

9 安装施工

9.0.3 门窗开启扇、隐框窗、单元式玻璃幕墙单元组件和隐框玻璃幕墙装配组件均要在车间加工组装，尤其是有硅酮结构胶固定的板块。单元式幕墙的隐框板块在安装后需更换时，也要在车间打注结构胶，不允许在现场直接注胶。

9.0.4 功能膜的粘贴位置对发挥贴膜中空玻璃的光学、热工、防飞溅性能至关重要。若贴膜中空玻璃内外安装方向错误，则无法起到节能和防飞溅作用，所以要严格按标记方向安装。

9.0.5 玻璃（包括贴膜后的玻璃）是脆性材料，所以不能与边框直接接触。贴膜中空玻璃的安装尺寸要保证在荷载作用下，玻璃在边框内不与边框直接接触，并保证玻璃在边框内能适当的变形。

9.0.6 各类安装块在门窗玻璃安装中起着承重、定位、防倾斜、防掉角等作用。为了保证门窗的使用功能，根据施工及使用经验，安装块的数量和位置要满足相应标准的要求。为了防止竖框（扇）上的安装块脱落，安装块要用胶加以固定。

玻璃密封条的安装质量直接影响窗的密封性能。由于密封条老化后易收缩、开裂，所以安装时应使密封条略长于玻璃压条，使其在压缩力的作用下嵌入型材，这样可以减少由于密封条收缩产生的气密、水密性能下降现象。

为了保证安装后窗的密封性和美观性，玻璃压条必须与玻璃全部贴紧，压条与型材的接缝处应无明显缝隙，压条角部对接缝隙应小于1mm，不得在一边使用2根（含2根）以上压条。从防盗及更换玻璃等安全性考虑，玻璃压条应在室内一侧。

9.0.7 玻璃幕墙受力形式和安装要求的不同使幕墙玻璃的安装方式各不相同，各种安装方式均有相应的规定，它们分别是：行业标准《玻璃幕墙工程技术规范》JGJ 102—2003 第 4.3 节、第 9.5 节关于加工制作明框玻璃幕墙组件的规定；国家标准《建筑幕墙》GB/T 21086—2007 第 6.3.4 条和行业标准《玻璃幕墙工程技术规范》JGJ 102—2003 第 9.6 节关于加工制作隐框、半隐框玻璃幕墙组件的规定；行业标准《玻璃幕墙工程技术规范》JGJ 102—2003 第 9.7 节关于加工制作单元式玻璃幕墙单元组件的规定、第 10.3 节关于采用构件式安装方式的规定、第 10.5 节关于全玻幕墙安装的规定，以及第 9.1.3 条、第 9.1.4 条、第 9.1.7 条关于中性硅酮结构密封胶施工的规定。用于玻璃幕墙的贴膜中空玻璃在安装时要满足上述规定的要求。

隐框窗与隐框、半隐框玻璃幕墙的受力形式相同，玻璃的安装方式与隐框、半隐框幕墙玻璃的安装方式相同。

9.0.8 玻璃的抗剪切变形性能较差，在破坏之前，其本身的平面内变形是非常小的。建筑在水平地震或风荷载作用下，主体结构将会产生楼层间侧移变形而使玻璃边框变形，如果玻璃和边框一点间歇都没有，即使楼层变形很小，也会使玻璃破坏。为防止建筑主体结构水平位移使玻璃损坏，玻璃与边框只能通过弹性连接来适应主体结构的变形，避免主体结构侧移过大对玻璃造成损坏。

10 工程验收

10.1 一般规定

10.1.1 国家标准《建筑环境通用规范》GB 55016—2021 第3.5.1条、第3.5.2条对竣工验收时外窗颜色透射指数的抽样数量和测量方法均有明确规定，验收时应注意遵照执行。

10.1.2 本条第2款中"用于加工制作贴膜中空玻璃的原材料核查记录"的具体内容可参见本规程第8.2.2条的规定，原材料核查记录由贴膜中空玻璃的加工制作企业提供。

当设计文件中未标明贴膜中空玻璃的传热系数和太阳能总透射比设计值时，也可将贴膜中空玻璃整窗或玻璃幕墙的传热系数和太阳得热系数检测数据替代贴膜中空玻璃的传热系数和太阳能总透射比数据作为检测报告结果，但检测时要注意所采用的边框型材规格尺寸和安装构造要与实际工程相一致，且要选取典型的玻璃尺寸板块进行检测。

关于复验报告的说明：

1 贴膜中空玻璃的传热系数、太阳能总透射比、可见光透射比是建筑透光围护结构的主要节能指标，所以应该进行复验。玻璃的传热系数越大，对节能越不利。就本省而言，玻璃的太阳能总透射比越大，对夏季空调的节能越不利；可见光透射比对自然采光很重要，可见光透射比越大，对采光越有利、更节能。功能膜辐射率是计算贴膜中空玻璃传热系数的重要依据，同时对玻璃的太阳能总透射比和可见光透射比有直接影响，故也应进行复验。

由于功能膜粘贴后难于对其辐射率进行单独检测，故取贴膜原片辐射率作为功能膜辐射率，这里有两点需要说明，一是贴膜原片要使用无色玻璃；二是只对粘贴 a 类功能膜的原片进行辐射率检测。

2 贴膜中空玻璃的密封性应满足要求,以保证产品的密封质量和耐久性。采用露点法进行测试可反映贴膜中空玻璃产品密封性能,露点测试不满足要求,产品的密封则不合格,其节能性能必然受到很大的影响。所以要对露点温度进行复验。初始气体含量仅对填充惰性气体的贴膜中空玻璃进行检测,填充空气的贴膜中空玻璃可不进行检测。

3 防飞溅性能是贴膜中空玻璃安全性能上最显著的特征,故要进行复验,复验时以贴膜原片的双轮胎冲击性能是否达到Ⅰ级作为合格判定依据。

4 贴膜中空玻璃用于非隔热型防火玻璃时,其耐火完整性时间以是否满足设计文件要求作为判定合格依据,无耐火完整性要求的贴膜中空玻璃可不作检测。

10.1.3 在确保验收质量的前提下,为了降低检验成本,减少不必要的重复检验和验收,本条规定在同一工程项目中,贴膜中空玻璃的质量检查和质量验收要与门窗玻璃安装工程、玻璃幕墙工程以及幕墙节能工程、门窗节能工程等分项工程的验收同步进行。贴膜中空玻璃的检验批验收内容与上述分项工程或检验批的验收内容相同且验收结果合格时,可以直接采用其验收结果,不必再次检验。

10.1.4 贴膜中空玻璃在验收时发现安装方向错误,将要拆除玻璃重新安装,返工工序较为复杂,密封胶(条)施工前进行安装方向验收可有效杜绝此类情况发生。贴膜中空玻璃安装完毕后,一些部位已被密封胶(条)遮封,工程验收时无法观察和检测,而这些部位的施工质量至关重要,必须在密封胶(条)施工前完成隐蔽验收。工程验收时,要对隐蔽工程验收文件进行认真审核与验收。

10.1.5 本条根据省住房和城乡建设厅《关于加强建筑安全玻璃应用管理的通知》(黔建科通〔2020〕76号)中关于防飞溅玻璃的验收规定而制定。

10.1.6 国家现行建筑工程质量验收标准中对门窗和幕墙玻璃的材料及安装验收均有明确的规定。贴膜中空玻璃的质量验收作为门窗玻璃安装、玻璃幕墙以及门窗、幕墙节能等分项工程质量验收的一项内容，要符合这些标准中检验批划分、检验项目、检验方法以及抽检数量的分项验收规定，相关的验收规定包括但不限于：《建筑装饰装修工程质量验收标准》GB 50210 中门窗、幕墙玻璃的材料、安装及表观验收规定，《玻璃幕墙工程技术规范》JGJ 102 和《玻璃幕墙工程质量检验标准》JGJ/T 139 中幕墙玻璃的材料、安装及表观验收规定，《建筑节能工程施工质量验收标准》GB 50411 中门窗、幕墙玻璃的节能验收规定等。

除满足国家现行工程质量验收标准要求外，贴膜中空玻璃由于在材料与安装上具有一定的特殊性，故本规程第 10.2 节和第 10.3 节针对贴膜中空玻璃的工程质量验收制定了专门的规定，验收也要严格按这些规定执行。

10.2 主控项目

10.2.1 用非钢化、半钢化玻璃冒充钢化玻璃的情况在工程中时有发生，故现行行业标准《玻璃幕墙工程质量检验标准》JGJ/T 139 中规定对钢化玻璃的表面应力应进行检查。当验收中对钢化玻璃有异议时，可采用便携式玻璃鉴定仪测定玻璃的表面应力以辨别是否为钢化玻璃，钢化玻璃的表面应力应大于 90MPa。

贴膜中空玻璃的边部密封材料和构造不仅关系到整块玻璃的结构稳定和安全，还与中空腔的密封性直接相关，所以有必要对玻璃边部的密封材料和构造进行检查。在验收时，除要注意内、外道密封胶的材质是否符合规定外，还要特别注意外道密封胶的粘接宽度是否满足要求以及外道密封胶的粘接宽度范围内不得粘贴功能膜。

10.2.2 进场（门窗、幕墙组件加工厂）检验中的复验报告涉及贴膜中空玻璃节能、耐久、安全性能等内容，其中节能性能包括传热系数、太阳能总透射比、可见光透射比、贴膜原片辐射率 4

项参数。上述4项参数由于存在互为影响关系，只有同时进行检测，才能准确、完整地反映贴膜中空玻璃的节能性能。所以应放在同一复验报告中。

贴膜中空玻璃一般作为建筑节能工程使用的材料进行验收，为与之协调一致，本规程参考现行国家标准《建筑节能工程施工质量验收标准》GB 50411有关规定对贴膜中空玻璃进场复验的检验批划分和抽检数量提出了要求。

10.2.3 本条基于保证贴膜中空玻璃密封性和结构稳定性的要求，对玻璃开孔周边的密封构造验收提出要求。

10.2.4 膜层位置与贴膜中空玻璃的节能性能和防飞溅性能均有关系，安装方向正确的贴膜中空玻璃才能发挥其功效。安装标识要在玻璃安装前进行检查，玻璃安装方向要在密封胶（条）施工前作为隐蔽工程进行检查验收。

10.3 一 般 项 目

10.3.1 对拼接功能膜色差进行检查时，应距离玻璃表面2m，垂直玻璃表面入视；对功能膜拼贴次数和覆盖贴膜宽度的检查按本节10.3.2条规定执行。

10.3.2 对功能膜进行拼贴的贴膜中空玻璃，要单独形成检验批进行验收，以确保功能膜的拼贴质量。验收时要注意以下事项：功能膜拼贴要采用对接加覆盖贴膜方式，拼贴次数不大于1次，覆盖贴膜宽度不小于50mm，残余抗风压性能检测数据要经设计复核认可。

10.3.3 采用均压管的贴膜中空玻璃，在安装完成后要对均压管进行密闭处理，以确保贴膜中空玻璃的密封性。